CONSENSUS THROUGH CONVERSATION

How to Achieve High-Commitment Decisions

［美］拉里·德雷斯勒（Larry Dressler）——— 著

张树金 ——— 译

共识决策

华夏出版社

HUAXIA PUBLISHING HOUSE

图书在版编目（CIP）数据

共识决策/（美）拉里·德雷斯勒（Larry Dressler）著；张树金译.--
北京：华夏出版社有限公司，2021.9
书名原文：Consensus Through Conversation
ISBN 978-7-5080-8263-9

Ⅰ.①共… Ⅱ.①拉… ②张…Ⅲ.①决策（心理学）-通俗读物
Ⅳ.①B842.5-49

中国版本图书馆 CIP 数据核字(2021)第 093374 号

北京市版权局著作权合同登记号：图字 01-2021-2949 号

共 识 决 策

作　　者　〔美〕拉里·德雷斯勒
译　　者　张树金
责任编辑　马　颖
责任印制　刘　洋

出版发行　华夏出版社有限公司
经　　销　新华书店
印　　刷　三河市万龙印装有限公司
装　　订　三河市万龙印装有限公司
版　　次　2021 年 9 月北京第 1 版　2021 年 9 月北京第 1 次印刷
开　　本　880×1230　1/32 开
印　　张　5.25
字　　数　58 千字
定　　价　49.80 元

华夏出版社有限公司　地址：北京市东直门外香河园北里 4 号　邮编：100028
　　　　　　　　　　　　网址：www.hxph.com.cn　　电话：(010)64663331(转)
若发现本版图书有印装质量问题，请与我社营销中心联系调换。

感谢我的父母哈罗德·德雷斯勒（Harold Dressler）和塞尔玛·德雷斯勒（Selma Dressler），他们教会了我如何享受对话的乐趣，尤其是享受餐桌上那种充满活力的对话的乐趣。对话，是一个人能够影响世界的潜能，也是人们针对要事采取行动时所能创造出的可能性。

目录

图标说明

你会在书中看到如下图标，它们分别代表重要的观点、工具、例子和话术。通过这些图标，你能够快速找到相关信息。

▶ 观点：不容错过、非常重要、有见地和有说服力的信息。

▼ 工具：能推进任何团队过程顺利进行的工具和模板。

◉ 例子：有关共识决策的真实案例。

❝ 话术：引导者在带领共识决策过程中可以参考的话术。

英文版推荐序

我在土星汽车（Saturn Motors）和三菱汽车公司的经历告诉我，包容性领导力是当今商界最强大的工具之一。如今，命令与控制型的管理模式已经过时。在商业发展历史上，从来没有什么时候像现在这样如此需要让人们参与到关键的决策中来。然而，我发现很少有商界领袖会对使用"共识决策"感到很自在。他们觉得共识决策会让自己失去权力和威望。在使用共识决策法十多年以后，我坚信共识决策能带来质量更高和承诺度更高的决策。然而，要实践这样的过程并不容易。要想获得成功，领导者必须根深蒂固地相信：当人们广泛地参与到决策中时，他们便能做出高质量的决策并不可思议地快速去执行。我很幸运地在土星汽车学到了这一方法，并有机会在三菱汽车北美公司真正体验到共识决策法那不可思议的力量。

当我 1997 年 4 月来到三菱汽车北美公司时，我发现它简直就是一家快要崩溃的企业。公司的品牌定位一点都不清晰、产品质量也令人失望，公司与经销商之间甚至还出现了明显的敌对情绪。难怪公司连续 10 年在北美市场上出现亏损。在我加入公司一个多月后，日本总部告知我，他们正在评估是否要退出北美市场。没什么可说的，我感受到了来自总部的巨大压力和紧迫感，我们必须改变北美公司的商业面貌。于是，我们组建了 12 个变革项目小组，解决从产品质量到品牌识别等关键业务领域的问题。我迫切需要用好这些最优秀和最聪明的人，让他们成为问题解决者而不是问题的一部分。为了快速执行变革方案，我需要他们的认同，要知道我们可是在与时间赛跑。正是在那期间，经朋友介绍，我认识了拉里·德雷斯勒。他不知疲倦、坚持不懈地帮助我们实施了整套共识决策的过程。

我们与区域营销委员会召开的第一次共识会花了 36 个小时，就一个极具吸引力的新方向达成了共识。拉里娴熟地引导了那次会议。他能神奇地引导出人们最好的想法并激励每个人为公司寻求最好的结果。他的引导揭示出我们内心潜藏的个人议程，协助我们起草了提案并带领大家达成了共识。接下来出现的便是人们的高度承诺，以及现在已经成为历史的这一切。回首过去，那是公司整个变革过程中最艰难的一次会议。

随后，拉里为 12 个变革项目小组和新成立的全国经销商咨询委员会实施了同样的共识决策过程。这种方法如此有效，简直令人感到惊讶。让"对"的人聚在一起展开"对"的对话，用"做出共同承诺"的方式来超越"同意"，这让我们体验到了达成共识的力量。随后，三菱汽车北美公司在北美市场的业务得到了蓬勃的发展，我们连续 5 年实现了利润的增长，收入增加了 94%，并创造了有史以来销售和市场份额的最高纪录。我们从一家在真空中做决策和在壁垒中运营的企业变成了一家统一、一致、高效和盈利的公司。

《共识决策》的作者拉里·德雷斯勒先生，是一位对于在我们这种大型汽车公司和很多其他场合亲自规划和实施共识决策有丰富经验的专业人士。他不仅洞悉何为共识，还擅长在现实世界中引领共识决策过程。他在书中全面、详细地介绍了这一方法，旨在帮助读者在自己的组织中有效地开展共识决策。

如果你正在思考如何做出更高质量的决策、如何建立更深度的信任、如何更快地执行和让人们更好地承诺，那么书中的方法就是为你准备的。希望你在阅读后，不仅能开好会，还能通过有意义的对话开展有效的决策。希望你能使用书中的原则和方法从根本上改变组织或社区的文化，希望共识决策法能够让你有所不同。

皮埃尔·加格农（Pierre Gagnon）

三菱汽车北美公司前首席执行官

作者序

如果你是一名顾问、经理、会议引导者、团队领导者、社区组织者或参加过很多次团队决策的人，《共识决策：做出高承诺决策的对话秘诀》就是为你所写的。

我是基于以下几个重要前提写这本书的。首先，共识决策是一种被很多人误解、没有被充分利用、甚至有时候被滥用了的包容性决策方法。其次，只有每一位参与者都真正理解共识的基本原则和做法，共识决策才能发挥其应有的效力。再次，在团队中建立共识要有一套可供学习的思路和技能，而这些东西你用不了一周就能掌握。最后，或许也是最重要的一点，建立共识并非高层领导或专业人士所独有的专长。从共识决策的定义你就能感觉到，共识决策是任何一个人都可以学会的技能。

> 作为领导者，你的责任就是决定要在何时、何地采用共识决策的方法。

　　《共识决策》是一本便于携带、易于阅读的小册子，它能帮你更好地设计和引领共识决策的过程。书中包含了无论你是在公司会议室还是在社区会议大厅里开会时都能让共识决策发挥作用的基本原则和方法。

　　本书不是会议引导的通用指南，而是为那些参加必须要用共识决策法做出决策的特定类型会议的参会者所写的。虽然使用书中的技巧和方法能提升大多数会议的效果，但我的重点是帮助读者创建有效的共识决策过程。如果你要想寻找如何有效引导会议的通用指南，可查阅书后的"资源指南"。

　　▶ 共识决策是一种强有力的转型工具，但它并不是将组织转变成完全民主的组织或乌托邦世界的灵丹妙药。作为领导者，你的责任就是决定要在何时、何地采用共识决策的方法。

　　作为组织变革顾问，我与客户彼此"教学相长"。真正教会我共识决策的人是汽车行业的高管皮埃尔·加格农。正如皮埃尔在推荐序中所说的那样，他将从土星汽车学到的共识决策机制引入由他担任首席执行官的三菱汽车北美公司。皮埃尔并非仅将共识决策法当成一种工具，而是秉承着"参与能够带来更高质量和更高承诺的决策"的信念来领导组织变革的。

对我而言，"做"共识比"写"共识更容易。我写作的秘诀是与那些思路清晰、善于给我反馈和写作技巧高超的人打交道。我要特别感谢安吉拉·安特诺尔（Angela Antenore）、特里·布雷森（Tree Bressen）、玛丽·坎贝尔（Mary Campbell）、雪莉·坎农（Sherri Cannon）、简·豪布里希·卡斯珀森（Jane Haubrich Casperson）、玛西娅·达斯科（Marcia Daszko）、苏珊·弗格森（Susan Ferguson）、卡特里娜·哈姆斯（Katrina Harms）、桑迪·海尔巴赫尔（Sandy Heierbacher）、戴安娜·霍（Diana Ho）、佩吉·霍尔曼（Peggy Holman）、布莱恩·翁德尔（Brian Ondra）、黛安·罗宾斯（Diane Robbins）、阿尼·鲁宾（Annie Tornick）、哈尔·斯科金（Hal Scogin）、卡特·斯威尼（Kathe Sweeney）、安妮·托尼克（Annie Tornick）、约翰娜·冯

德林（Johanna Vondeling）和梅丽莎·维斯（Melissa Weiss）等人与我通力合作并给予我忠告。无论是完成写作这种艰巨的任务，还是完成帮助团队达成共识这种挑战性的工作，每天工作结束后，我都会和妻子琳达·史密斯（Linda Smith）聚在一起，她是我最坚定的支持者和灵感的源泉。感谢上述所有人，要知道整本书上都留下了你们每个人的印记。

在我的职业生涯中，我一直致力于帮助人们通过对话来做出高质量的决策、增强信任、提升承诺度和真正地学习。根据我的经验，用好共识决策法便能带来这样的结果。阅读本书时，希望你能在自己的组织和社区里找到更多使用共识决策的机会。

拉里·德雷斯勒

美国科罗拉多州博尔德市

2006 年 7 月

中文版推荐序

给选择"共识决策"领导者的一本好书

引导的本质是协助众人发挥团队的智慧。众人有了集体行动的意志之后会互相影响，在这个互相影响的过程与结果中引导就在发挥作用。要想获得集体行动的意志，共识就是不可或缺的。那么在团队或组织当中要让引导发挥影响力，谁是关键人物呢？

共识是领导者的一种选择

在没有引导这个专有名词出现之前，组织赋予了管理者来带领众人发挥成果的机会。事实上管理者可以用任何一种方式来看见成效。如果是例行性的事项，不期待太多一加一大于二，那么大家各司其职，不需要太多的共创或带领，好好管理目标与过程，即可发挥组织的成效。但遇到新的挑战或者复杂的需要协作的议题时，一切就没那么简单了。这时候管理者要发挥领导力让团队/组织找到方向。有些领导者由于自身的风格或者特质，习惯用威权式的领导方式习惯自己作决定。这样的风格也能在某些场景中获得不错的成效。比如说事件非常紧急，或者有专业的限定（如 Steve Jobs）。而讲求团队参与与支持的领导方式，更能为领导者打开了一条新的道路，拥有更多群策群力的空间和更多团队智慧相互激发的可能。

选了"共识决策"这条路之后，如何做好

这样的选择听起来简单，但是如果观察组织真正的运作方式后，你会发现能把共识决策用好的领导者很少。可见这是不容易驾驭的一种方法与技能。这本《共识决策》就是写给领导者的书，言简意赅并且指出共识决策常见的误区，佐以实践案

例让领导者想象这些不同场景用了共识决策会有什么不同？非常值得推荐想快速了解共识决策的领导者们阅读。

领导者实现共识对话的难点

在许多利益冲突较大的场景里，有时候领导者本身就是利益的一方，那么要在对话中同时维持几方利益的均衡就会变得困难：

- 管理者：身为主事者掌控着资源的配置，要对最终的绩效成果负责，所以会比较在乎设定讨论的边界条件。
- 领导者：指出发展方向，可能对于某些方向已有定见或偏好。
- 对话的引导者：需要塑造对话的环境与场域，在流程中让各种不同的声音（包含挑战的、支持的、深度探询的、希望提升看事情高度的……）都能被听见。

当讨论张力太大且这些角色都在一个人的身上时，要全部都做好会变得非常具有挑战性。此时找专业引导者协助就会非常有必要。

当讨论张力太大且这些角色都在一个人的身上时，要全部都做好会变得非常具有挑战性。此时找专业引导者协助就会非常有必要。

引导者需要对"建立共识"有深刻的理解

诚如作者在书中所说"引导者要对建立共识有深刻的理解"，成为专业引导师的六大核心能力之一，其中一项是带领团队得到恰当并有用的成果（Guide Group to Appropriate and Useful Outcome），这一项又要有三个关键能力，其中之一就是带领团队达成共识并获得希望的成果（Guide the group to consensus and desired outcomes）。这本书能帮助专业的引导者开启对共识决策深刻理解的大门。但若进一步阐述对共识决策深刻的理解还要在哪些方面加强呢？我觉得不外乎建立共识的四个影响因子：个人、团队、任务、文化。这些都还有专门的书能够进行研究。

翻译书籍是需要恒心与毅力的，最终感谢译者也是专业引导者张树金先生，在引导领域默默耕耘并且持续将好书介绍给中国读者。

许逸臻 Laura Hsu[1]

---

[1] 许逸臻（Laura Hsu）是开放智慧（Open Quest）引导科技股份有限公司 / 上海睿问企业管理咨询有限公司的创始人之一。IAF 国际引导者协会认证的大师级专业引导者以及评审（IAF Certified© Professional Facilitator | Master / Assessor）。2018 年国际引导影响力金奖得主。

译者序

2019年在译完《贵在共识：建立团队共识的70种方法》①后的两个月里，我一直在想："这就行了吗？关于引导或共识我还能帮国人做点什么？"我想到了很多，其中一个就是翻译拉里·德雷斯勒的这本小册子。

我7年前首读此书，边读边在工作中试用书中的原则和方法，收获很大。书虽然很薄，但内容很厚重。这是我看过的将共识决策讲得最透彻和最实用的专业工具书。我看它第一眼时就有翻译它的冲动，那两个月又经常想起来。以前冲动起来就做，这次特意让"冲"多"动"了一会（要知道，译书实在不

---

① 《贵在共识：建立团队共识的70种方法》将由教育科学出版社于近期出版。——译者注

是美差事）。最终我还是决定要翻译这本小册子。借鉴了第一本书的翻译经验和教训，我用一周译完初稿，又经过一年多的打磨，终于有了你现在看到的这本中文版小册子。

关于共识决策的力量和价值，你可以在书中找到很多作者的观点和故事。我在这里举一件自己经历的小事。

最近我为一家科技公司的高管团队做战略规划，在我使用共识决策法帮助团队就实现愿景的战略锚（Strategic Anchors）达成共识后，现场的高管团队成员道出了如下感慨：

- 在讨论愿景和看到"复兴"这个词时，我觉得有些"异想天开"，但现在的战略锚让我觉得 5 年后我们就应该是这个样子的。
- 之前，我们一直在某些业务上犹豫、摇摆、观点不一致，其实是因为大家没有定好那个锚，现在的战略锚能让我们清晰地做出判断，做起事来就有了标准。
- 以前，遇到事情不知道为什么会有很多批评的声音，我觉得自己做得很对，可为什么还要批评我？现在好了，符合这个标准的，你批评，我接受；不符合这个标准的，你可以说，但我不接受。

· 过去经常有人提意见或质疑我们，是因为当初我们缺少做某件事的依据。有了这个战略锚，公司和个人的决策效率都会提高。

· 我们之所以纠结，是因为锚不清楚，底下的"根"总在动。以后我们要坚持这个"根"不动，才好判断，才能把精力投入到做事而不是纠结上。

团队成员的心声表明，一旦共识在团队中真的得以建立和共享，决策的执行者将充满信心和力量。前期准备和达成共识的过程也许会花费很多时间，但这些时间往往会在后期的执行中被弥补回来。就共识决策而言，有的时候慢即快。

也许你好奇，《共识决策》与《贵在共识：建立团队共识的70种方法》有何不同？后者是宜家，里面有各式各样的"家具"

和"饰物",可供不同的人,在不同场景下,做不同的"共识",需要哪款选哪款,还可以自由组合;前者更像红木家具专卖店,黄花梨的也好,紫檀的也罢,只有真正喜好和需要的人才会购买。作为领导者或共识决策的引导者,这两本书的内容非但不重复,还能为你帮助团队建立共识提供互为补充的参考。后者让你有很多选择,前者让你一旦选对便能做好。

我说再多都没用,你先看,用了准行!

感谢同为引导实践者的李梦铃、成沁、曹虹 3 位好朋友在本书审稿过程中给予的积极协助。你们的建议和反馈,让本书的易读性大为提高!同时,我也非常感谢引导同学群里的多位实践者对"难点语句"的积极讨论和建议。

张树金(Simba)

2019 年 10 月 29 日于北京

引言　决策的新规则

你认为自己知道"一"，所以你明白"二"，因为一加一等于二。但前提是你要明白什么是"加"。

——苏菲派谚语

对于如今的领导者来说，理解"加"意味着发现在对的时间、把对的人聚在一起开展对的对话的力量。理解"加"意味着你能认识到，有时要通过让别人参与到关键的决策中来获得影响力、信誉和承诺。理解"加"还意味着要拥抱一种理念，即多元的、甚至冲突的观点，可以被创造性地整合为突破性的解决方案。

"加"是一种包容性的领导艺术，即考虑不同的观点，看一看从中能够学到什么和做些什么。过去较具包容性的领导和决策，多属于哲学上的选择，而如今它却是商界的当务之急。在组织和社区的每一个角落里，集体决策已经成为规则，而非特例。让我们看一下当前集体决策变得越来越普遍的原因。

- 科层组织正在让位于扁平化组织。那种"领导是大脑，员工是身体"的组织模式已经过时了。领导者们意识到，在当今复杂多变的环境中，一个人不能垄断所有知识和对市场的判断。
- 技术让信息掌握在那些最需要它们的人，特别是一线人员的手中。明智的决策必须考虑到一线人员的观点。
- 组织和社区面临的问题越来越复杂。解决复杂性问题的唯一方法就是利用广泛的资源，从多元的视角来测试我们的解决方案的意义和影响。当无法吸引到合适的利益相关者参与时，往往会产生比我们试图要解决的问题更为严重的问题。

- 新一代知识工作者正用他们的脚来投票。他们想参与，想去影响那些可能影响到他们工作的决策。如果没有参与的机会，他们就会带着自己的知识与技能另谋高就。
- 快速执行决策的能力与做出决策的敏捷性同等重要。快速执行取决于人们对决策的理解和支持程度。参与能够加速执行。

鉴于以上趋势，共识决策已成为组织中越来越普遍的决策方式。在你发展包容性领导力的过程中，共识决策将成为一项必备的战略性工具。

第1章

认识共识决策

改变源自那些自己愿意热情地帮助组织做出决定或指出方向的人。

过去 15 年里，我担任顾问的大部分工作都基于这样一个前提：真正的改变并非来自命令、压力、许可或劝说。改变源自那些自己愿意热情地帮助组织做出决定或指出方向的人。

如果你想让组织中的旁观者或愤世嫉俗者成为组织的主人翁，就让他们在影响自身工作的决策中拥有话语权。当人们被邀请来分享自己的想法、关注点和需求时，他们就会变得投入，他们就会从被动的指令接受者变为坚定的决策拥护者。这就是共识决策的力量。

共识决策的定义

共识决策是一个所有成员制定并同意去支持某项最符合整

体利益的决定的合作过程。在共识决策过程中，人们要认真考虑每位成员的意见并努力消除所有合理的顾虑。

▶ 当参与决策的每个人都可以说："我认为这是我们当前能为组织做出的最好决定，我会支持它的执行"时，人们就达成了共识。

是什么让共识决策成为如此强大的工具？仅仅同意一项提案并不是真正地达成共识，共识意味着对决策的高度承诺。当团队成员对某项决策做出承诺时，他们会要求自己尽力将其付诸行动。

共识决策也是一个试图把所有参与者的集体智慧整合为最佳决定的发现过程。

共识决策并不仅仅是一种决策方式。共识决策不是满足所有成员的个人偏好，也不是大多数人投票认可的决定。在多数人投票中，有些人成为"赢家"，有些人成为"输家"。而在共识决策中，每个人都是赢家，因为共同的利益得到了满足。

最后，共识决策也不是让成员服从预先决定好的强迫性或操纵性的策略。共识决策的目的不是让它看起来是参与性的，共识决策本身就应该是参与性的。当团队成员屈服于压力或权威而不是真正同意某项决定时，这便是"假共识决策"。"假共识决策"最终将导致成员怨恨、愤世嫉俗和无所作为。

共识决策背后的信念

像其他决策方式一样，共识决策也是建立在一些重要的信念基础之上的。在采用共识决策前，你必须问自己和团队："这些信念是否与我们自身的定位及组织的目标相一致？"

以下是 4 个可以指导你采用共识决策的信念。

合作寻找解决方案

共识决策是协作寻求共同解决方案的过程，而不是说服他人采取某项特定立场的竞争。这就要求团队成员对某个共同目标有所承诺。团队成员必须愿意放弃个人的想法，并允许它们随着所有成员的顾虑和其他可替代的观点被摆出来而得到改进。当个体参与者能有效地表达自己的观点而不再小心翼翼地坚持自己的方案"才是唯一正确的解决方案"时，团队才处于最佳状态。

将分歧视作积极的力量

在共识决策过程中，要鼓励人们积极提出建设性提议和相互尊重不同的观点。为了强化某个提案，参与者应该陈述不同的观点、评估不同的想法与表达合理的顾虑。在达成共识的过程中，可以利用差异带来的张力寻求创新的解决方案而不是妥协或得出平庸的解决办法。

每个声音都很重要

共识决策旨在平衡权力间的差异。因为共识需要每个团队成员的支持。因此，不管他在团队中的地位或权威是怎样的，每个人都对决策有很大的影响力。

▶ 在共识决策进行过程中，团队的任务就是确保任何一个合理的问题、顾虑和想法都能够得到表达和充分的考虑。

符合团体利益的决定

影响力与责任同在。在共识决策过程中，决策者同意抛开个人偏好以支持团队的目的、价值和目标。个人的关注点、偏好和价值可以也应该被纳入讨论，但最终的决策要服务于团队的整体利益。

个别成员有可能不同意某项决定，但他要同意支持这项决定，因为：

· 团队已做出真诚的努力来消除所有人提出的顾虑；

· 决定符合团队当前的目的、价值和利益；

· 决定虽然不是他的第一选择，但是是可以接受的。

> 采用共识决策需要满足一些条件。当具备所有条件时，共识决策会非常有效。

选择正确的决策方式

为某项要做出的决定选择共识决策法，往往需要领导者做出一个既哲学又务实的选择。有些领导者认为并渴望对每一项决定都采用共识决策法（比如他们会说："我们是一个共识的组织嘛！"）。采用共识决策需要满足一些条件。当具备所有条件时，共识决策会非常有效。作为决策过程的领导者或引导者，你有责任评估当前是否具备支持共识决策的条件。

适合采用共识决策的恰当情况：

· 做高风险的决策。如果做不好的话，可能会让团队、项目、部门、组织或社区变得支离破碎。

· 当缺少了某些必要参与者的大力支持与合作时，解决方案将不可能得到执行。

· 组织或团队中没有人具备单独做出决策的权力。

· 组织或团队中没有人拥有单独做出决策所需要的知识。

· 与决策有利害关系的人有着不同的观点，需要将他们聚到一起来商讨。

· 需要提出富有创造力的多元方案来解决某个复杂问题。

针对以下情况采用共识决策是不恰当的：

· 决定已成既定事实，即管理者已经做出了决定但还想制造出人人参与的假象；

· 快速做出决定比提供丰富的信息、动员大家执行决定更为重要；

· 对决定本身或决策过程至关重要的人或团体不能参加或拒绝参加；

· 决定本身根本就不值得花费时间和精力进行共识决策。

共识决策的替代方式

如果你的目的是让利益相关者参与到决策中来，那么共识决策并不是你唯一的选择。你还可以参考以下团队决策方式。

为便于解释这些方法，我用一个熟悉的场景来举例说明。

星期六的晚上，我和妻子琳达及另外两对夫妇一起出去吃饭。关于吃什么，我们都有各自的习惯和偏好。但我们有一个共同的目的，那就是一起度过一个愉快的夜晚。

一致表决

团队中的每个人都毫无例外地获得了自己的"第一选择"；换句话说，每位成员的个人偏好都得到了满足。

我建议去当地的寿司店，其他 5 个人也都觉得寿司是他们的首选。皆大欢喜！

优点：当个体成员的利益与团队的共同利益完美匹配时，

每个成员的需求都充分地得到了满足，因此，每个人都完全认同这个决定。

缺点：对于大多数决策来说，很难做到表决一致；即便能做到，也是相当困难的。

多数票表决

团队成员同意采纳大多数（或团队确定的某个百分比）人都愿意支持的决定。

当我问他们想吃什么时，4 个人表示想吃中餐，剩下的 2 个人（其中一个是我）表示更想吃墨西哥菜。那么，得票少的人就得同意去中餐馆。我虽然不喜欢吃中餐，但投票就是投票，我必须服从投票结果。此外，我们还要赶在晚上 8 点前去看电影，所以，我们没有太多时间站在那里讨论个没完没了。

优点：当迅速做出决定比解决所有问题或得到充分的支持更重要时，多数票表决就特别有用。对决策给予足够的支持通常足以确保其被有效地执行。

缺点：少数票一方往往会觉得自己"被劫持"了，因此，他们可能不会对最终决定做出承诺，尤其是当某些人总是在历次多数票表决中"输掉"时。出现这种状况后，组织很可能会逐渐变得支离破碎，因为决策缺乏来自重要参与者且通常也是直言不讳者的支持。

情况好一点的话，多数票表决可能会导致一些不太忠诚的小团体产生。情况糟糕的话，最终的决定可能会受到少数票一方的强烈抵抗、甚至破坏。

有些团队用多数票表决作为没能达成共识决策的备选方案。我想提醒领导者不要这样做，因为它会破坏共识决策的精神和减弱团队成员努力达成共识决策的动力。（"假如我持有和多数票表决结果一样的立场，那么当我知道最终决策和我的想法一样时，我又何必努力去做共识决策呢？"）

妥协

每个团队成员都要放弃一些重要的利益以达成某项能部分

满足每个人的需求的决定。当采取妥协方式来决策时，没有人会得到自己的第一选择，但每个人都能被满足某些需求。

我们中的三个人想吃中餐，一个人想吃中东菜，两个人想吃墨西哥菜。最后，我们决定去附近购物中心的美食广场就餐。如此一来，每个人都可以吃到自己喜欢的食物，但没有人会满意那里的环境和味道。

优点：妥协比共识决策高效。每个人都能得到某些自己需要的东西，并愿意为此牺牲某些不太重要的东西。

缺点：妥协的重点是权衡与取舍，而不是创造性地寻找"第三种可能"来满足整个团队的需求，消除所有团队成员的顾虑。通常没有人能在妥协决策中得到他们真正想要的东西。

领导或专家决策

领导或专家决策是由被授权的团队成员（无论其是否向其他决策利益相关者征求意见）做出最后决定的方式。这种方式有时被用作未能达成共识决策时的替代方案。

因为这周是吉姆的生日，所以我们让他选择去哪里就餐。他快速对我们做了一轮调查，了解到了大家的一些想法。之后，他决定让大家去吃法餐。

优点：领导或专家决策往往比共识决策高效，因为最终的决策人较少。当迅速果断地付诸行动比对想法的探索和得到团队的认同更重要时，团队采取领导或专家决策的方法比较合适。当组织缺少关于有待解决问题的知识或经验且团队成员愿意听从领导或专家的意见时，团队也适合采用这种决策方法来做决策。此外，在有多个不错的备选方案时，采用领导或专家决策的方式也非常有效，因为对组织而言，每个方案都是可以接受的。

缺点：个体决策者可能无法与拥有相关知识与想法的利益相关者协商，所以，他们可能会错过有助于做出更好决定和更利于执行的重要信息。另外，这种科层式的决策方式也存在风险，那就是人们会对他们负责的工作缺乏责任感。

共识决策

如何用共识决策的方式解决去哪里就餐的问题呢？以下是一种可能的情形：

4位朋友说他们喜欢吃泰餐。我们讨论了他们的这一喜好，发现他们喜欢吃辣和咖喱。但我的妻子琳达对花生严重过敏，而泰餐中通常会有很多花生。这对我们来说太冒险了。有人提议去吃韩国烧烤，但梅丽莎不同意这个想法。我们问她拒绝的原因。她说自己是素食主义者。最后，吉姆推荐大家去镇上新开的一家印度素食餐厅。这个建议既满足了爱吃辣和咖喱的朋友的需求，也消除了琳达和梅丽莎的顾虑。

优点：共识决策通常能带来高承诺和快速的执行，因为它预先考虑了可能的严重阻碍，而且所有利益相关者都参与了决策过程。

缺点：共识决策可能需要很长的时间，特别是当有人固执地坚持某个观点或团队成员缺乏使用共识决策的经验时。

关于共识决策的常见误解

我的许多客户（尤其是企业客户）在没有直接体验共识决策前通常都不愿意使用这种决策方法。他们担心这会拖延那些需要迅速做出的决定。他们还担心如果对某些决定采用共识决策法，那么员工会期望对每项决定都拥有发言权。尤其是在商界，人们对共识决策的误解比比皆是。接下来我们就梳理一下人们对共识决策的常见误解。

共识决策太费时间

做决策时，速度通常是一项重要因素。在考虑时间因素时你需要先问自己：你是希望人们快速地做出决策还是希望人们快速地执行决策。

▶ 采用领导或专家决策及多数票表决做决策可能会很高效，但也可能因为遇到阻力或意想不到的后果而导致决策的执行很缓慢。许多用过共识决策的领导者认为："在决策阶段花掉的时间会在执行阶段被弥补回来。"

不可否认，共识决策比其他决策方式更费时间，但它并非就应该是一个复杂的过程。当有良好的流程设计和引导时，团队可以相对快速地达成共识。

解决方案会有所妥协

对共识的另一种担忧是做出的决策是平庸或缺乏创意的，因为要确保得到每个团队成员的支持，所以决策会被要求做出一些必要的妥协。有效的共识决策绝不会向决策的必需标准妥协。达成共识就是寻找既能充分满足团队标准和目标的需求，又能考虑团队成员合理的顾虑的解决方案的过程。

个人企图绑架决策过程

因为存在有协作障碍的成员或外部的鼓动者，因此，在任何团队决策过程中都可能出现让决策过程偏离正常轨道的情况。要防止这种情况出现，团队就要预先制定好参与原则，有效地引导和明确地区分合理的反对（阻止）与非合理的反对（阻挠）。正如你在后面章节中将要看到的那样，有效的共识决策将为人们在有顾虑但又没必要妨碍决策推进时，提供一种"靠边站"的选项。

管理者会失去个人威信

管理者常常担心采用共识决策意味着让自己放弃影响最终决定的权力。他们会困惑："如果采用共识决策，是否意味着我要放弃领导者的角色？"自由放任式领导和参与式领导是有区别的。自由放任式领导看起来更像是逃避（撒手不管），而参与式领导需要领导者的全力参与。在共识决策过程中，管理者是决策小组中平等的一员。和任何其他成员一样，管理者如果觉得提案不够好，就可以叫停这个提案。还有一种共识决策的替代方法，那就是让合适的利益相关小组向管理层提出基于共识的最终提案。

"共同所有权"将导致无人担责

这个担忧是说没有人会承担执行共识决策的责任，因为它是团队而非个人的决定。然而，事实恰恰与之相反，在共识决策中没有哪个成员会匿名或隐身。真正的共识要求每位参与者不仅要公开宣布自己同意某项提案，还要公开宣布自己对最终决定的全部"所有权"。

共识决策的真实案例

共识决策可用于很多环境和场合。能够从共识决策中受益的团队是多种多样的。宗教组织贵格会（Quakers）采用共识决策已有三个多世纪。许多组织采用并优化了共识决策的过程，将其作为做决策的方法，比如土星汽车、美国陆军和李维斯公司等现代化组织。以下是一些采用共识决策的真实案例。这些案例说明共识决策能在大型企业、非营利组织、政府机构以及基层社区会议中扮演重要的角色。

◉ 创建战略愿景

一家在行业中处于领先地位的玩具制造商将其洛杉矶和中国香港特别行政区办事处的管理者们聚在一起，为公司在迅速变化的行业中取得成功制定长期愿景。然而，实现愿景的道路并非坦途，首席执行官需要挖掘团队的最佳智慧。新的愿景需要公司的每个部门都做出重要改变，需要现场每一位管理者高度承诺。团队采用了共识决策的方法来确保所有的观点都被听到，并且每位成员都对新的愿景做出了承诺。

◉ 董事会决策

在一家由董事会负责管理的会员制杂货店，董事会及其下属委员会的成员都由选举产生，以代表包括消费者、员工和管理层等在内的不同群体。为了制定反映全体成员意愿的政策和销售决策，管理团队采用了共识决策。共识决策过程帮助该杂货店达成了能够同时满足财务、客户服务、环境以及社会责任等多方需求的创新决策。

◉ 发动员工支持组织变革

一家跨国汽车制造商组建了从品牌定位到生产质量等关键领域的 12 个不同的跨职能小组来重振公司。小组成员包括公司的高层管理者、经销商代表和一线员工。每个小组与一名外部引导者合作，向由公司高管和特许经营商组成的全国咨询委员会汇报他们的提案。最后，基于共识决策的提案很快就获得了批准与执行。

◉ 制定公共政策

一位州长组建了一个特别的工作小组，负责为该州的农场工人提出一份全面的住房计划。工作小组的成员包括农场主、农场工人、开发商和政府机构的代表。某些代表之间此前曾有过长期的冲突，但他们还是走到了一起，因为这是从立法机构获得大笔资金支持的好机会。立法机构明确表示，获得所有利益方支持的提案将胜过那些只代表个别利益方需求的提案。采用共识决策做出的解决方案不仅关注了现场提出的很多重要观点，还大大增强了不同利益相关者之间的信任度。

正如你从上述案例中看到的那样，共识决策能用在不同的环境和场合中。这些案例中最为关键的一步是考虑清楚共识决策是否是最佳决策方法。接下来，我们继续学习有效共识决策的更多内容。

第2章

准备共识决策会

在谈到团队决策时，人们通常认为：影响决策能否成功的很多事情都发生在他们步入会场前。本章所描述的 8 个部分是有效共识决策的基础。它们分别是：

· 确定是否采用共识决策；

· 决定谁参与决策；

· 邀请专业引导者；

· 明确决策小组的职责和权限；

· 训练决策小组成员；

· 制定会议议程；

· 收集相关信息；

· 正确地开启会议。

确定是否采用共识决策

共识决策是通往特定目的地的交通工具，而目的地就是利益相关者承诺的高质量决定。因此，选择合适的交通工具带你抵达目的地就与"路况"有很大关系。在决策时，"路况"就相当于团体共享的信念和权力拥有者的意愿。

如何确定共识决策是你做决定的恰当方法呢？首先，请参考第 1 章"选择正确的决策方法"中"适合采用共识决策的恰当情况"。其次，通过询问团队成员以下问题来评估团队的准备度：

· 决策参与者是否真正了解决策的利害关系？

· 决策参与者是否有共享的目标和价值？

· 决策参与者是否相互信任或他们是否愿意建立信任？

· 每位参与者是否都愿意将团队的最大利益置于个人偏好或自身利益之上？

- 团队能否创造出让成员们自由交流想法和意见的会议氛围？
- 管理者是否做好了接受团队成员做决定的准备？
- 团队成员是否愿意为做出最佳决定而花费必要的时间？
- 团队是否愿意向每位团队成员分享有关做决定的信息？
- 决策参与者能否倾听和考虑不同的观点？
- 决策参与者是否具备基本的逻辑思维和沟通技能，或他们是否愿意接受专业引导者的帮助？

当团队或组织准备采用共识决策时，一个需要考虑的重要因素是领导者是否愿意和其他利益相关者一样，拥有同等的"话语权"。在我与那些想采用共识决策的领导者沟通时，我经常这样来描述其中的利害关系：

> 选择共识决策意味着你将凭借自身的想法而非职务立场去影响人们的对话。这就意味着在步入会场前，你必须检视自己的角色，让自己变得和其他成员一样平等。决定采用共

| 共识决策涉及多项关键技能，其中最重要的一项是倾听。

识决策前请三思而行，因为没有什么比推翻或否决一项经共识决策做出的决定更能快速地制造"愤怒"了。但在采用共识决策时，你也能获得很多，比如参与者的热情、认同感和决策被快速地执行。

正如前面的那些提问一样，团队和组织准备运用共识决策时，另一个重要的考虑因素是团队的技能水平。共识决策涉及多项关键技能，其中最重要的一项是倾听。尽管任何人都可以学习建立共识的技能，但重要的是要看这个特定群体的学习曲线有多陡①。据我观察，参与者往往在能够熟练运用相关技能时才更容易达成共识。令人满意的和有效的决策过程往往也有利于培养良好的技能。

①　学习曲线可以简单理解为技能水平随着投入的经历或时长而改变的曲线。学习曲线较陡，意味着虽然最初经历较多练习或较长时间，但技能水平没有显著的提高。作者在这里是指，如果一个团队的学习曲线特别陡，表明这个团队的成员不能快速掌握相关技能，那么采用共识决策就会有很多挑战。反之，则会很顺利。——译者注

决定谁参与决策

如何决定让谁参与决策？领导者依据什么标准做出判断？这里有一些问题可以帮助你确定合适的决策团队（小组）成员：

· 决定对谁的影响最大？

· 谁将负责执行该决定？

· 谁的支持对执行这一决定是至关重要的？

· 决定要体现哪些利益相关者或哪些团体的不同利益？

· 谁拥有与此问题相关的信息、经验或专业知识？

· 谁必须参与进来才能让决定具有可信度？

当你确定好哪些人要参与决策后，你需要再考虑一下会议中不同的角色。以下是决策过程中常见的角色。

团队领导

在科层组织或团队中，团队领导通常就是决策过程的召集人，也是授权团队做共识决策的人。

决策统筹人

当没有人能对决定最终负责时，指派一个人引领整个决策过程是很必要的。决策统筹人可以是、也可以不是决策团队的成员，此人通常是组织或社区中决策过程的正式发起人和协调人。

决策人

被授权做决策的团队成员，他们将共同批准团队做出的决定或建议。在缺少任何一位决策人的同意时，任何决定都不能被做出。

顾问

顾问可以给团队带来重要的信息或经验，但他们与决定没有利害关系，没有"投票权"。顾问可以是来自组织外部的顾问或专家。

观察员

观察员见证整个决策过程，但不参与讨论或做决定。观察员通常要在会上保持沉默。

候补人

对于可能持续数月的决策过程，安排候补人以观察员身份出席所有的会议很有必要。如果有决策人缺席，那么，将由候补人履行缺席者的权利。

邀请专业引导者

引导者扮演客观和中立的角色，负责引领团队的共识决策过程。专业引导者能帮助团队做出真正反映团队共同意愿的决

> 专业引导者要与团队负责人密切合作，阐明会议的目标，设计会议的议程，澄清共识决策的标准。

定。专业引导者知道要达成共识必须做哪些事情，并可以帮助团队增强共识决策的能力。引导者在决策中不应该有利害关系，或者至少要避免向团队表达个人的观点。

▶ 在共识决策过程中，好的引导过程可能意味着人们离开会场时感觉能量满满并对未来充满期待，而不是感到疲惫、沮丧或挫败。

共识决策的引导者要在会前发挥积极作用，帮助团队设计共识决策会议的流程。在大多数科层组织中，专业引导者要与团队负责人密切合作，阐明会议的目标，设计会议的议程，澄清共识决策的标准。在共识决策会议中，引导者要帮助团队识别共性主题，帮助参与者整合想法，并为人们表达顾虑与分歧创造机会。

经验丰富的引导者需要履行的职责包括：

· 与团队领导和成员合作确定会议目标及议题；

· 教育或训练人们如何进行共识决策；

- 帮助团队确定共享的目标和参与的原则；

- 营造能激发建设性冲突的开放氛围；

- 提供做决定和解决问题的方法和工具；

- 保持讨论是聚焦和积极的，并营造安全的讨论氛围；

- 总结讨论的要点、提案和共识；

- 鼓励所有人全面与均衡地参与；①

- 直接干预或通过团队领导解决有可能破坏决策会议的问题；

- 帮助团队评估其效能和在决策过程中取得的收获。

选择引导者的检查清单

- 对达成共识有深刻的理解。

- 具备适应组织或团队独特需求的灵活性。

- 尊重团队成员在会上付出的时间和精力。

- 具备聆听与识别不同观点之间关联的能力。

---

① 不是一味地发表观点或提问，而是保持分享观点和提出问题的比例相对均等。——译者注

- 对会议主题保持中立和客观。

- 有耐心并具有乐观的心态。

- 关注团队的需求而不是自己是否被大家所喜欢。

- 拥有让团队成员充分参与及协作的经验。

- 自信且能很好地与强势人物斡旋。

引导者和领导者的分工在很大程度上取决于组织或团队的结构与文化特点。如果有既定的结构和公认的领导者，引导者需要注意不能喧宾夺主（扮演领导者的角色）。在此，提醒引导者和领导者切莫"角色错位"，应确保领导者能够：

- 确定决策小组的章程/任务书；

- 选择决策小组的成员；

- 确定会议目标和议程的优先顺序；

- 开场时说明会议的目的和目标；

- 积极示范参与原则和共识决策的规则；

- 分享和寻求对流程的观察与反馈；

- 与引导者合作来终止破坏行为（见第5章）。

明确决策小组的职责和权限

决策小组的章程／任务书指明了小组的目的、权限、价值观和运作原则。在召集小组前，小组负责人或决策统筹人要花时间回答以下问题，以明确决策小组的章程：

- 小组成员聚在一起是为了解决什么问题？

- 为什么这个问题很重要？

- 小组所做的每一项决定都必须遵循哪些价值观？

- 小组成员的职责是什么？

- 如何判断小组何时完成任务？

- 小组的决策权从何时开始生效，到何时结束？

- 小组成员要遵守的参与原则是什么？

- 在这个小组中要如何定义共识决策？

- 做出决定的时间期限或约束条件是什么？

- 不能达成共识情况下的解决办法是什么？

◉ 决策小组章程（样本）
蜘蛛（Spider）公司降废工作组

问题

· 公司确定了减少 50% 废弃物排放的目标。我们相信这个目标很重要，因为它将使我们的运营更符合公司环境管理的核心价值观，并且能减少浪费和降低运营成本。

目的

· 工作组的目的是制定减少废弃物排放的详细政策和流程，并向执委会汇报提案。

初始决策标准

· 工作组的提案必须符合下列标准：

⊙符合公司所有的核心价值观；

⊙实现既定目标，即在18个月内减少50%的废弃物排放；

⊙对公司盈利能力没有负面的影响；

⊙能在全国各地的所有工厂中推广。

工作组权限

· 工作组负责制定一份所有成员都支持的共识决策提案。该提案将被提交给公司执委会以获得最后的批准。

工作组成员的职责

· 参加所有会议，完成所有相关材料的阅读和要求的任务；

· 当不能参加时，要通知组长并安排好候补人；

· 向所代表的机构、事业部或部门寻求意见和反馈。

决策方式

· 工作组采用共识决策的方式。这意味着最终的提案必须回应每位决策小组成员合理的顾虑。基于共识的方案更容易获得执委会的批准和资助。如未能达成共识，则需要提交一份无提案情况下的备选说明。

工作组的边界条件

· 与工作组有关的所有财务支出都必须得到首席财务官的批准；

· 工作组要在 2004 年 6 月 15 日前向执委会提交方案。

成员参会的行为原则

· 由工作组在第一次会上确定。

训练决策小组成员

在有协作和参与经验的组织中采用共识决策并不困难。但在权力集中型（如领导或专家决策）或竞争型（如输赢辩论）的组织中，由于其学习曲线很陡，因此，进行共识决策前需要让团队接受更多的教育和训练。

我的经验是，通常用 90 分钟就能很好地为没有共识决策经验的团队说明共识决策的原则和做法。本书包含了所有"说明共识决策"的建议。我强烈建议你与团队领导或决策统筹人共同引领这一过程，以体现组织采用共识决策的决心。以下是一份共识决策说明会的议程。

⚡ 共识决策说明会议程：

- 我们要商讨的问题是什么？它为什么很重要？（由领导或决策统筹人说明。）（15 分钟）

- 什么是共识决策？我们为何采用这种方法做决定？（由领导或决策统筹人说明。）（10 分钟）

- 为达成真正的共识，我们必须遵循的标准有哪些？（15 分钟）

- 当我们成功实践共识决策时，我们会得到什么？

- 我们的决策流程是怎样的？（15分钟）

- 与会人员有哪些不同的角色？（10分钟）

- 参与原则有哪些？（15分钟）

- 还能从哪里了解更多有关共识决策的知识？（5分钟）

制定会议议程

与大多数会议一样，共识决策会也有它的目的：做决定或让团队做好做决定的准备。较为复杂的决策过程涉及一系列不同目的的会议。会议的目的可能包括：

- 学习共识决策并确定工作计划；

- 研究问题并达成对问题的共同理解；

- 建立用于制定和选择提案的标准；

- 提出能解决问题的创新性提案；

·商讨并做出决策；

·制定执行决策的计划。

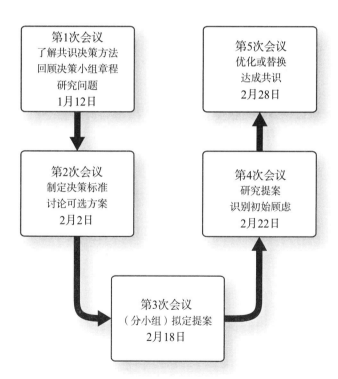

对于多轮决策的会议，可以制定一份会议流程示意图供团队成员在会议过程中参考。上面的示意图能说明每次会议的安

排，并能阐明会议目的和不同会议之间的关联。

多轮决策会议流程示意图

对于每一轮单独会议，上述议程就像一份灵活的蓝图，确定了一系列会议议题，规定了每个议题要用多长时间以及团队成员在不同会议中将要扮演的角色。

为了有效安排议程和分配时间，你需要考虑以下 6 个问题：

· 这个问题是怎样与决策小组的目的和目标相关联的？

· 我们需要用多长时间来充分讨论这个问题并做出决定？

· 我们具备就此问题做出明智决定所需要的信息吗？

· 这个问题的争议性有多大？讨论时会有多少情绪被隐藏？

· 将此问题放到多次会议中去讨论会更有效吗？

· 相对于议程中的其他事项，这个问题的重要性和紧迫性如何？

▶ 有效议程的小贴士：

· 避免在会上做冗长的陈述，尽量在会前分发信息，这样就
  能用会上的时间讨论和做决定。

· 如果不确定某项议程的恰当时间，请向熟悉问题或有经验
  的小组成员咨询。

· 确切了解"完成"对于每项议程的含义，与小组成员协商
  以澄清每项议程的预期产出。参与者可以用以下句式来
  描述预期的产出：

  ⊙我们对_____澄清了事实并有了相同的理解；

  ⊙我们为_____想出了可能的解决办法；

  ⊙我们制定了_____的行动计划；

  ⊙我们做出了_____的决定。

· 保持一定的灵活性。会上可能会有小组成员让你调整议题
  顺序、某项议程的时间或结果的类型等。

收集相关信息

设法在会前找出与小组所要讨论的问题相关的信息。尽可能在会前分发这些材料并让小组成员找出需要澄清的问题和需要补充的信息。

在小组理解问题的最初阶段，向他们提供最基本的"背景信息"通常会很有帮助（见以下模板和范例）。事实和信息通常可由专家、顾问或事实调查小组（由决策小组代表组成）负责提供。

✔ 介绍问题的模板

澄清问题

- 描述背景情况。

- 情况已经持续了多长时间？

- 历史情况是怎样的？

- 可能的原因是什么？

确定对当前的影响

- 当前的问题正在影响谁？是如何影响的？

- 当前的问题是如何影响组织的？

- 当前的问题是如何影响其他人的（如客户、员工等）？

确定对未来的影响

- 对组织来说关系重大的问题是什么？

- 对组织外部其他人的利害关系是什么？

- 如果什么都不改变，可能会发生什么？

描述理想的结果

- 当问题得到解决时，我们希望看到什么结果？

- 我们如何判断结果已经发生？我们怎样衡量结果？

- 在解决这个问题时，我们要遵循什么原则或达成什么目标？

确定初步的可选方案

· 有哪些不同的方法能让我们达成上述结果？

· 每一种方法的利弊各是什么？

· 哪个方案最可能实现预期的结果？为什么？

该组问题参考了苏珊·斯科特（Susan Scott）在《非常对话：化解高难度谈话的七大要诀》(纽约企鹅出版社 2002 年版，该书中文版已由广东人民出版社于 2011 年出版。)一书中提出的"开采式谈话"模型。

正确地开启会议

会议的前 20 分钟将决定会议的成败。通过在共识决策会议开始之初说明以下 7 个关键性问题，你就能确保参与者对要完成的任务和如何完成任务有一个基本的了解。除了明确这些边界条件之外，作为小组领导，你还要创造能够体现共识决策精神与核心价值的会议氛围。

- 我们为什么聚在这里？在会议开始之初，小组领导（如果没有正式领导的话，那就由引导者担任）简要说明会议的目的和预期产出，包括小组要努力做出的决定。

> ❝ 今天，你们来这里是为了解决（问题）。具体来讲，大家聚在这里是要就（问题）做出建议／决定。

- 我们有权决定什么？明确小组决策的权限。在大多数组织中，这类权限都由高级主管确定或在小组章程中有明确的规定。

> ❝ （授权人或授权团体）委托你们就（问题）做出最终决定／建议。你们无权做出关于＿＿或影响＿＿的决定。

- 谁参在会？花一点时间让所有团队成员（包括观察员和访客）做个自我介绍和说明他们为什么来参会。

66 让我们花一点时间做个自我介绍，说说你为何来参加本次决策会。介绍时请简要说明你与这个问题的关联。

· 谁将扮演什么角色？说明大家在决策过程中要担当的角色，包括引导者、记录者、决策人、观察员和候补人等。明确询问小组成员是否愿意接受自己的角色安排。这可能是一次体验共识决策的好机会！

66 作为引导者，我的任务是确保讨论聚焦并保证每个人都有机会发言。我将帮助大家把你们讨论的内容组织在一起并找出它们的共同点。此外，我也会指出大家的分歧和顾虑所在。我的角色要求我对大家讨论的内容保持中立，但我会积极帮助大家管好决策的过程，包括协助你们做好决定。大家允许我这样做吗？

· 我们是否理解共识决策的过程？由于共识决策对很多团队来说是一件新鲜事，因此，有必要解释一下何为共识以及共识决策的过程。

> 今天你们要做出的决定将采用共识决策的方式。这可能与你们使用过的其他决策方式有所不同。只有在每个人都声明，大家已经做出了一个他（她）可以支持的决定时才算达成共识——这个决定要能消除你们的顾虑并需要与组织的使命、目标和要求相一致。有什么问题吗？

- 大家清楚议程吗？在会议开始前解释一下议程。说一下每个议题和时间安排。如果要使用任何特殊的团体流程（如分小组讨论），请向团队成员说明基本情况。

> 请允许我花一点时间介绍一下议程和时间安排。鉴于上述会议目的和目标，有谁对此议程有意见或建议吗？

- 大家愿意遵守参与原则吗？推荐几个指导团队成员行为的原则，让团队成员提供他们认为能促进成员有效与真诚对话的更多原则。（参见第6章的"设定明确的参与原则"。）

66 我建议大家遵守几个原则。这些原则有助于促成团队的有效决策，尤其是在做共识决策时。这些原则都是以第一人称"我"开头的，因为这是需要你们每个人做出的承诺。

- 我鼓励充分的讨论和提出不同的意见。
- 我会提问"假如……那会怎样？"以寻找共同的解决方案。
- 我不同意为了避免冲突而回避问题。
- 我避免重复已经说过的内容。

有谁想补充其他原则吗？（等待回复。）你们愿意在今天的会上遵守这些原则吗？（等待回复。）你们是否允许我，作为会议引导者，在有人违反这些原则时给予恰当的提醒？（等待回复。）

选择对的人、训练决策小组如何开展共识决策、制定议程和收集有用的信息等这些精心的准备是确保团队做好共识决策的关键步骤。下一章我将介绍共识决策的 5 个基本步骤。

第 3 章

共识决策的基本步骤

共识决策的方法有很多，有简单的，也有复杂的。以下五个步骤适用于大多数的共识决策过程。

第一步：定义问题

首先，小组探索要解决的问题。这个阶段通常包括介绍相关的历史和背景信息。小组在此阶段的目标是要形成对问题及相关事实的共识。

你会发现在达成共识的每个步骤中，经过深思熟虑后的提问是非常关键的。以下问题有助于小组清楚地定义问题：

· 为什么这个问题很重要？真正重要的是什么？

· 我们了解了哪些过去的、有关背景或重要的事实？

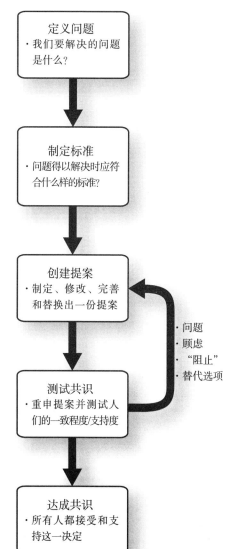

- 我们对这些事实的理解相同吗?

- 当前,这个问题是如何影响组织的?

- 根本原因和促成因素可能有哪些?

- 关于这个问题,我们还不知道的是什么?

- 如果不做改变可能会发生什么?

- 我们能否就问题的表述达成一致?

- 我们能否将这一问题表述为"我们如何……?"的提问?

第二步：制定标准

这是共识决策中常被忽视的一步。决策标准越明确和具体，小组就越容易就此形成一致的解决方案。

在这一步，小组需要讨论任何一个提案都必须满足的要求和必须实现的结果，我们称其为"必需标准"。此外，小组还可以确定非必需但可选的标准，我们将这些标准称为"理想标准"。

"必需标准"也被称作"破坏交易"的标准。如果提案不符合这些标准，小组就不会采纳任何提案。"理想标准"则是可以商讨的，不能成为人们反对提案的合理依据。

重要的是要将决策标准表述得足够清楚和简洁。以下提问有助于小组制定出好的决策标准：

· 解决这个问题必须满足哪些条件？

· 关于要解决的问题，我们真正想要实现的是什么？

· 必须满足哪些共享的／组织的利益和需求？

· 需要满足哪些资源的限制和／或需求？

· 方案中要消除哪些共同的顾虑？

· 要避免哪些负面效应？

◉ 当忽略"必需标准"时

有一个全国性的行业协会要决定在哪里举办年度贸易展。小组在广泛调查与会者需求的基础上确定了一套"必需标准"。在选择举办地的时候，一位小组成员对曾经承办过贸易展的某座城市情有独钟。尽管这座城市不符合团队预先设定的若干"必需标准"，但还是被选为了贸易展的举办地。在这个案例中，决策小组受到了某些人的游说，没有根据深入研究和协商过的标准做决定。这一决定与所谓的"组织及其利益相关者的最大利益"不相符。

后来，一位协会成员这样描述小组忽略决策标准做出决定所带来的影响："这是感情用事，而不是理智地做决定。现在，我们正在为此付出代价。当初选的这座城市正在制约我们实现组织的目标。"

第三步：创建提案

正如前面的流程图所示，共识决策是一个先拟订初始提案，再通过消除小组成员合理的顾虑来优化或替换提案的迭代过程。

起草初始提案

初始的书面提案通常是在对决策标准达成一致后起草的。它可以由整个决策小组完成，也可以由指定的成员或部分小组成员起草。起草初始提案可能需要一些时间和成员的创造力，通常包括向相关决策人员咨询替代方案、测试想法、听取意见和开展研究等过程。

在起草初始提案这一步花点时间是值得的。表达清晰的初始提案只需突出小组讨论的重点，无须表明大家对提案的支持度。

建立小组对提案的拥有感

避免将初始提案归属于某个人，这将促使小组成员将提案视为"我们共同的工作成果"。随着修改建议的提出和后续提案的修订，也要避免将其归于某个人或部分成员。

可用以下提问协助小组起草初始提案：

· 人们对符合标准的解决方案有哪些想法？

· 这些不同想法之间有什么共同之处？

· 我们能合并这些想法吗？

· 我们能让这个方案更简单、成本更低或更快地被实施吗？

· 还有哪些内容没有被讨论到？

提出澄清性的问题

提案一旦拟好就展示给小组成员。展示期间仅做与澄清问

题有关的讨论。可用以下提问来确认大家对提案的理解和澄清大家对提案所持有的假设:

- 什么能帮你更好地理解这个提案?

- 你不清楚的是什么?

- 有什么能帮助你清楚地向小组之外的人解释提案?

- 提案中已经表明或尚未表明的假设有哪些?

- 我们对这个提案的理解一致吗?

第四步:测试共识

这是共识决策过程中最关键、也是最需要技巧的一步。一旦向小组成员展示过提案并回复了所有要澄清的问题,小组就可以测试共识了。测试共识涉及让每一位决策小组成员陈述自己对第三步所定提案的认同度和支持度(第4章会说明这一步）。在这一步让小组成员对具体提案进行权衡很重要。

你不能这样问：

· 这是你的首选吗？

· 这符合你的个人需求和兴趣吗？

你应该这样问：

· 这是你能接受并最终支持的提案吗？

· 这个提案符合团队的共同标准吗？

· 你认为，这个提案能代表小组当前最好的讨论结果吗？

· 这能作为我们组织及其利益相关者的最佳决策吗？

在让大家权衡他们对提案的接受程度和支持程度时，可能会出现以下几种情况：

情况 1：每位成员都对提案感到满意并愿意支持，没有人反对或提出问题，达成共识。

情况 2：部分成员支持提案．有些成员提出问题或顾虑。在稍后的讨论中，小组修改提案、提供相关信息并获得提出疑问者的支持，达成共识。

情况 3：除了有人提出顾虑外，还有人反对提案。他们认为提案不符合某项已达成共识的"必需标准"，或提案违背组织的宗旨或目标。这种合理的反对被称为"阻止"，它能激发小组成员创造性地讨论以寻找新的解决方案。如果找到了新的解决方案且回应了所有成员的顾虑，那也算达成共识。（更多有关处理合理的顾虑的信息请参见第 4 章。）

情况 4：有时小组无法找到消除合理的顾虑或阻碍意见的办法，如果提案不能让每个成员都支持的话，那就无法达成共识。

第五步：达成共识

当小组成员表示，他们所有人都认为提案代表了小组目前的最佳想法并解决了所有提到的合理的顾虑时，这就意味着达成了共识。

> ❝ 在对共识做最后一次检查时，重申一下提案的内容并使用下述提问来询问每一位成员：
>
> 你觉得当前这项提案能代表组织及其利益相关者的最佳决定吗？你是否愿意支持该决定的实施？

正式达成共识决议

一旦达成共识就做好书面记录。我喜欢让小组成员在最后的提案或决定报告上签字。因为签字是成员向小组表明自己积极支持决定执行的一种仪式。

◉ 决策声明（样本）

2006 年 3 月 31 日，美味松饼（Yummy）营销工作组（由公司营销主管和最大的特许经营商组成）就选择哪一家广告公司来承办全国营销活动达成共识。在经过深入讨论和对 4 家全国性代理公司的竞标评估后，我们根据如下标准选择了博尔创意（Boll Creative）公司，因为该公司：

- 在电视节目制作和印刷品方面具有创新能力；
- 具备利用电视、广播、印刷品和直邮开展综合宣传活动的能力；
- 熟悉我们的行业及消费者；
- 拥有竞争性媒体采购的谈判经验；
- 给出了具有竞争力的报价；
- 机构运作稳定并有可追溯的记录。

这一决策的结果是，所有营销工作组的成员都愿意与博尔创意公司开展合作。

当决策小组未能达成共识时

有些时候，小组不能在给定时间内找出解决问题或回应某个合理的顾虑（阻止）的办法。此时，结束共识决策会议也是一种可以理解的合理做法。无法达成共识时，要有替代方案，这些替代方案被称为退路。尽管预先确定退路很有用，但根据我的经验，如果时间足够和意图正确的话，大多数情况下决策小组是可以达成共识的。这里简要描述在无法达成共识的情况下的几种替代方案。

◎ 延迟决策。如果不需要立马做出决策，小组可以选择延迟决策，等情况发生改变或有新的信息能带来曙光时再行决定。

例子：由于业主委员会未能就修建游泳池达成共识，因此，委员会成员决定明年再做决定。

◎ 授权小组决策。决策小组可事先说明，如果大家未能达成共识可将最终决定权授权给某个小组。

例子：业主委员会指定了一个五人小组，根据大家制定的标准和原则就游泳池问题做出最后的决定。

◎ 提请上级决策。在科层组织中，决策可能会被呈给上级管理者或执委会。此时需要将提案、备选方案、大家的顾虑以及所有的反对理由等资料一并提交给上级决策者，不管他们是否参与了决策小组的讨论。

◉ 业主委员会授权三人执委会在两个较具吸引力的备选方案中做出最后的决定。

◉ 寻求调解。如果有成员坚持合理的反对理由，有时不妨请一位训练有素的调解员对那些坚持不同意见的成员进行调解。调解也是一种结构化的过程，它鼓励个体表达自己的观点并努力化解分歧。在人们非常情绪化或感到自己的观点没有被听到时，调解员的作用就显得尤其重要。与团队引导者一样，调解员从来不对争议中的主题发表立场。根据北卡罗莱纳州调解网络（the Mediation Network of North Carolina）的说法，调解员的工作包括：

· 促进各方之间的沟通；

· 帮助他们了解彼此的想法；

· 协助他们明确和澄清问题；

· 最大限度地探索各种可选方案；

· 帮助被调解人找到和解或解决问题的办法。

例子：房屋靠近游泳池的业主强烈反对这一建议，但其他业主都表示赞成。业委会请来一位调解员以确保反对者的想法被充分听取，并探索能否以某种方式解决这个问题。

最基本的共识决策过程包括定义问题、制定标准、创建提案、测试共识、达成共识或明确可能的替代方案。下一章我将介绍共识决策中的一种常见现象——分歧与发现的迭代循环。这个过程可能让人们感到挫败，但也可能给人们带来创新的解决方案。

第 4 章

处理共识决策中的分歧

共识决策过程中最令人兴奋，也最有创造性的部分就是决策小组在第三步和第四步之间进行的迭代循环。在提案被提出后，人们对其提出各自的顾虑，小组尝试优化或替换提案以回应这些顾虑。在这个过程中，小组成员可能经历富有成效的创新过程，也可能遭受强烈的挫败。通常，人们都会经历这两种情况，我把这个过程称作"分歧与发现的迭代循环"。

使用共识决策卡

在共识决策会议上使用共识决策卡能最大限度地提高人们的专注度、创造力和获得彼此的尊重。这个工具使用起来很简单。使用时，给每一位决策小组成员发三张卡片：一张绿卡、一张黄卡和一张红卡。卡片要足够大，以确保房间或会场里的人都能看到彼此的卡片。

伴随分歧迭代的共识决策过程

在向小组成员说明提案并解决了所有需要回应的顾虑后，引导者请参与者举起代表他们对提案认同度与支持度的卡片。

卡片颜色代表人们对提案的不同支持程度：

绿色：我支持这项提案。这是我们目前能为组织和利益相关者做出的最好决定。

黄色：我可以支持这项提案，但我有些疑问或顾虑需要被消除。

红色：我不支持这项提案，它不符合组织和利益相关者的最大需求。

一旦所有成员举起卡片，就需要持不同颜色卡片的人扮演不同的角色来进行后续对话。

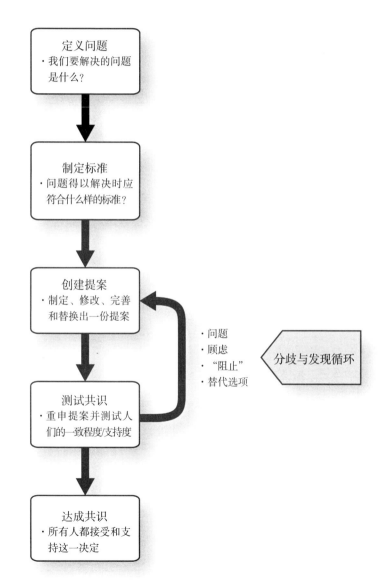

持绿卡者

当成员举起绿色卡片时，建议他们暂时保持安静，仔细倾听持黄卡者和持红卡者的顾虑与想法。

▶ 要求提案支持者（持绿卡者）保持沉默是为了减少经常出现的耗时背书和游说。

持黄卡者

请每一位持黄卡者说出自己的顾虑，将其记录在海报上。引导者的工作是整合所有顾虑，并搞清楚持黄卡者的顾虑以及他们是依据必需标准还是理想标准提出顾虑的。如果小组未能消除那些源自理想标准的顾虑，有时只需将它们记录下来。持黄卡者也有可能改举绿色卡片。

一旦确定和记录了所有顾虑，任何人都可以提供信息或改善建议来优化提案以回应这些顾虑。当顾虑被消除后，需要提出者声明自己已没有顾虑并举起绿色卡片。

持红卡者

在主要的顾虑被说出和澄清后，引导者让持红卡者说明他们反对的理由并给出备选方案。如果备选方案看上去符合小组的决策标准，引导者可以让大家继续使用决策卡对此方案做表决。

▶ 要鼓励持红卡者提出一个或多个备选方案来说明他们反对的理由。

接下来，我们将探讨如何与提出合理顾虑的人（持黄卡者）以及反对者（持红卡者）建设性地对话和解决问题。

表达和消除合理的顾虑

任何一位团队成员都有权利也有责任对提案表达自己的顾虑。合理的顾虑通常表现为针对提案中可能不符合组织最大利益的提问和声明。随着人们的顾虑被提出，理解并试图消除它们就成为决策小组的重要任务。

作为引导者，你需要给成员足够多的时间来表达他们的顾虑。同样重要的是，引导者要创建一个安全的环境以尽量减少或消除人们的顾虑。

随着每一个顾虑被澄清，引导者要把它们记录在白板纸上。由于共识决策需要消除每一个合理的顾虑，所以没必要在澄清时就对其表决或表示同意与否。只需记录下每一个问题并确保其是"合理"的即可。

> 检验某个顾虑是否合理的方法是询问提出者："这是基于团队宗旨、共享的价值或某项必需标准提出来的，还是基于你个人的需求或偏好提出来的？"

可用 3 种方式来消除小组成员合理的顾虑：

· 提供更多信息，让提出顾虑的人感到问题已得到解决。
（例如：汤姆对新员工福利政策的担忧是基于钟点工没有
资格的错误假设。当珍妮解释说钟点工也有资格后，汤
姆就不再担心了。）

· 从小处或大处来完善提案，消除人们的顾虑。（例如：法
兰克担心新的福利政策如果在年中生效可能会给员工的
纳税带来不便。大家出于对此顾虑的考虑，将实施日期
改到了明年 1 月 1 日。）

· 给提出顾虑者提供选择的机会：他可以要求将顾虑纳入会
议记录，但同意完全支持这一决定。这样做意味着："我
有所顾虑，即使无法消除，但我相信当前的提案是团队
的最佳决定，因此，我愿意支持决定的执行。"

消除顾虑的过程是创造性地探索"第三种可能性"的过程，
它可能介于对与错、是与非或好与坏之间。

共识决策的对话几乎总能带来明确和高质量的解决方案，解决方案背后往往有着强烈的承诺。以下提问能够帮助决策小组消除顾虑及达成有关提案的共识：

- 是否有人不接受该提案？

- 谁能为提案做进一步修改？

- 所有顾虑都消除了吗？

- 这个顾虑符合团队的宗旨、价值观和决策标准吗？

- 如果你支持该提案，那这是一个必须被消除的还是你希望被消除的顾虑？

- 能否通过修改来消除提案中阻碍我们前进的部分？

- 谁能进一步完善提案？

- 谁可以提出一个能够消除所有顾虑的建议？

- 你能为当前的提案给出什么修改建议，既能让自己接受又能符合大家设定的必需标准？

- 能否从外部得到消除这一顾虑的信息或建议？

处理反对意见或"阻止"

共识决策的独特性和高度民主性在于，如果某个成员认为某项提案不符合团队的最大利益，那么他有权并有责任"阻止"该提案。"阻止"是任何成员叫停提案的一种方式。

合理的反对

如果成员认为提案对组织不利且无法通过修改来杜绝负面影响，就可以合理地"阻止"该提案。"阻止"或对提案"举红色卡片"的合理原因可能有：

· 提案不符合团队制定的一项或多项必需标准；

· 提案与组织的目的或价值观不一致；

· 提案违反法律或某些普遍的道德规范。

处理得当时，合理的反对（"阻止"）能带来更有创新性和有效的决策。小组成员应该"拥抱"而不是"怨恨"合理的反对意见。提出合理的反对意见需要很大的勇气和对做好此事的高度承诺。还记得电影《十二怒汉》吗？亨利·方达扮演的角色"阻止"了陪审团的整个决定，因为他认为陪审团急于按照与司法标准和必需标准不相符的原则做出不公正的判决，毫无疑问那将是违法的。

我所引导过的一些最具创造力和最有效的决策都源自对共识的"阻止"。

▶ 引导者的工作是帮助决策小组将"阻止"（合理的反对）视作寻找全新或创新性解决方案的机会。

当小组为决策提案寻找备选方案时，使用以下提问会给你带来帮助：

· 前述提案中的哪些内容是我们都能接受的？

- 除了该提案以外，哪个备选方案最有吸引力？

- 能够解决这个问题的全新方法是什么？

非合理的反对（阻挠）

在共识决策中，人们不能仅因为自己不喜欢就反对某项决定。最常见的一种错误就是个别成员基于自身的价值观、信念或利益反对决定，我们称其为非合理的反对或阻挠。阻挠在共识决策过程中是非合理的。因此，在出现反对意见时，决策小组应该立即区分出哪些是基于团队共享的决策标准的合理的反馈（"阻止"），哪些是基于个体目标或利益的非合理的反对（阻挠）。

当你听到下述任何一种理由时，都说明这不是"阻止"：

- 该提案不符合我的价值观、信念或需求。

- 这个提案不是我的首选或我所偏爱的。

- 我的某项利益没有被考虑到。

· 我不喜欢乔对待我的方式，如果他不尊重我，我什么都不
  会同意。

· 说不好为什么要反对，我就这样。

如果决策小组在会前做足了功课，实际上就可能没有这些
反对意见了。所以决策小组要确定：是否建立了明确的、共享
的决策标准？是否收集了足够多的背景信息？是否在提案提出
过程中征求了人们的意见？

如果有足够的时间用于理解提案、表达顾虑和解决这些问
题，个体成员就不太可能反对提案。当决策小组是建立在共享
的目标、信任和开放的基础上时，非合理的反对（阻挠）就不
太可能发生。

⊙ 基于个人价值观的反对

几年前，我在一家非营利组织担任董事。当时董事会正在
讨论一笔大额捐款。捐款来自当地一家公司，其母公司恰巧是

一家跨国卷烟厂。我们的组织从未拒绝过任何捐款，也没有拒绝捐款的标准。会上，我基于个人对烟草行业的反对和公司多年来所倡导的非道德准则，提出对接受这一捐款的反对。委员会的其他成员很认真地考虑了我的意见。

引导者请董事会成员考虑是否要制定一项有关不接受捐款类型的规定。这给我们带来了一次非常重要的讨论。最后，董事会决定，这样的规定不符合当前组织的最大利益，公司对烟草行业或其他任何行业没有特殊原则和要求。关于这一点，我不得不承认，我的反对源自个人而非组织的价值观。随后，我表示，虽然对此原则的看法不同，但我会继续留在董事会任职。

我在该非营利组织董事会的这次经历便是宗教组织贵格会所谓"靠边站"的做法。"靠边站"强调既要记录反对者的强烈顾虑，又要避免其阻挠其他人。"靠边站"的人通常会说："基于我个人的信念和价值观，我强烈反对这个提案。我没有足够的心力协助执行，但也不会用任何方式阻挠它。"如果不止一个人或有对执行决定至关重要的人"靠边站"时，引导者最好还是让团队继续商讨。

虽然个人价值观可能不是反对决定的合理理由，但它们也是值得被提出来的。正如上述案例所述，成员基于个人价值观提出的顾虑可能会引发重要的讨论，这有助于澄清团队的目标和信念。

本章的核心主题是，当处理得当时，分歧也能带来有价值的发现。应当鼓励决策小组成员提出合理的顾虑，以便让团队理解和解决它们。小组成员有责任合理地"阻止"某项决定，而不仅仅是因为自己不喜欢才这样做。

第 5 章

破坏共识决策的陷阱

团体引导是一门技艺，引导共识决策是这门技艺的"皇冠"。共识决策可能是最具挑战性，也是最具价值的决策过程之一。

你引导的共识决策过程越多，就越有可能遭遇导致决策过程崩溃的"陷阱"。并非每一次共识决策过程都能达成共识，正如第4章所描述的那样，有时达不成共识也是正常的。这也就是说，你必须学会识别和建设性地解决损害共识决策精神与实践的破坏行为。

让我们总结一下最有可能破坏共识决策过程的几种常见陷阱。

缺席重要会议的参会者

偶尔会碰到有决策小组成员在错过了几次重要讨论环节之

后才出席会议的情况。他不考虑自己没能在前期了解重要事实与观点的情况就参加最后的决策。试图让他跟上讨论进度可能会浪费很多宝贵的时间。更糟糕的是，他可能会因为不知情而采取不恰当的立场。

预防／干预的方法

- 在组建决策小组时，事先就成员的出勤建立规范。确定一项确保大家有权参与决策的资格标准。不符合资格标准的人可以参加讨论和发表意见，但必须放弃决策权。
- 建立一套程序，让缺勤的人必须在下次开会之前，主动向委员会做出书面汇报或由一两位成员为其做出解释。不做汇报或解释的成员将失去决策权。
- 指派"候补人"。有的决策过程可能需要持续数月，采用"候补人"的方式会很奏效。当决策人出席会议时，候补人作为观察员参加所有的会议。当有决策人缺席时，由候补人替代其行使决策权。

哗众取宠的参会者

你或许参加过这样的会议，会议上某些控制型或直言不讳的人反复提出相同的问题，即使这个问题已经得到了解决。他们有时好争辩，重复同样的观点或采取不合逻辑的立场。这些哗众取宠者通常是为了寻求关注，或是想利用团队解决与他人无关的个人问题。

预防／干预的方法

- 确定哗众取宠者反复提出的问题是否与小组目标或决策标准有关。如果有关，请大家提供事实和信息来解决。如果无关，那就解释一下原因。

- 引导者要记录哗众取宠者的观点，说明问题已被听到以及是怎样被解决的。如果有必要，引导者就打断对方并询问小组成员，问他们是否觉得问题已经被解决。引导者还可以温和地提醒对方关于重申个人观点的参与原则。

> 谢谢你，莎莉。我听到你 3 次提到安全饮用水的问题。我想指出的是，我们已经如你所述，在白板纸上记录了这个问题。正如听到你的重要想法一样，我要确保所有人的想法都被听到。刚才我们用了 15 分钟和你讨论这个问题与大家要做决定的关系。我们听到你说……大家已经听到了你的想法，这样可以了吗？我感觉大家已经准备好继续讨论了，是这样吗？好的，让我们听一听还没有发过言的人是怎么想的吧。

- 如果对方依然坚持，引导者就要提醒对方，每位成员都有责任遵守议程和参与原则。适时建议向前推进是很重要的。如果还不行的话，就要请其退出，除非他愿意合作并真正参与进来。

阻挠

在前一章，我们将合理的反对定义为基于团队共享标准或目标的反对。这类反对在共识决策中是常见且合理的。虽然每位成员都有权对任何提案提出质疑，但确认反对意见是否合理也是决策小组的职责所在。

阻挠通常源于个人利益或需求，阻挠者往往会拒绝考虑个人以外的想法。这种反对有违共识决策的精神，很有可能会"劫持"共识决策的过程。

预防／干预的方法

· 确保有关问题会被公平地倾听。测试问题背后的事实和假设。提醒参与者，达成共识意味着做出一个符合团队共同利益的决定。询问反对者的理由是如何与小组的决策标准或共同利益相关联的。

- 通过提问来发现这一反对是否和不同于组织或团队价值观的个人偏好或理念有关。有的时候，小组成员与组织的价值观存在明显不同，这会导致个体偏离或促使团队重新审视其共享的价值观。
- 有的时候，无论标准和参与原则表述得有多清晰，小组成员都不愿意承认自己反对的理由是不符合共识决策精神的。在这种情况下，必须做出让其离场的艰难决定。这样做可以保全其个人尊严和减少其在公众面前的尴尬。

> 帕布罗，团队很尊重你个人关于素食主义的信念，大家不会强迫或要求你不诚实地生活。目前，该店尚未做出将肉类产品从我们的商品选择清单中排除的决定。这家店的定位是提供"健康和有机的食品"，包括有机食物和在牧场饲养的家畜的肉类产品。目前，我们是在现有价值观和标准范围内选购产品。虽然我们今天提出了这个问题，但并没有听到任何一位咨询委员会成员同意要重新审查目标和产品选择的标准。

这是一个需要你本人向董事会提出的原则性问题。在目标和产品标准没有被改变前，我们不能接受你反对这项决定的理由。

用强迫战术向成员施压

有时，团队成员会让别人在表达合理的顾虑或反对意见时感到被挑战了。持不同意见的成员会觉得自己"妨碍了共识的达成"或"阻碍了决策的进程"。有时，强迫型成员会对持不同意见的人施加轻微或明显的压力，以此来满足多数人的意愿。强迫战术的危害在于，它可能导致人们在并不是真正支持决定的情况下达成默契。

◉ 当个人利益带来干扰时

一个负责选择供应商的小组正在讨论将价值数百万美元的

服务合同交给哪家机构。多位团队成员倾向于选择某家只满足了少数团队标准的供应商。他们采取了不合理的立场来支持这家供应商。他们在会上和会下都对其他成员采取了恐吓战术。后来，人们发现这些成员接受了该供应商的大额"好处费"。最终，这些人被取消了做相关决定的资格。

预防／干预的方法

- 会议一开始就强调每个成员不仅有权力而且有责任对某项提案提出自己的顾虑或反对意见。提醒团队成员，他们是在合作寻找满足团队共同利益的解决方案。最重要的是提醒团队成员，建设性的挑战能提升决策的质量和创造力水平。

- 如果你观察到团队成员在被迫服从某些人，那就指出来并将成员的注意力转移到提出合理的顾虑上。提醒团队，迫于压力做出的决策不能让团队成员做出承诺。

团体感到疲惫或受挫

一般来说，决策越复杂，越可能伴有争议，达成共识所需要的时间就越长。在会议进行过程中，成员可能会感到疲惫不堪。当参与者感到疲倦时，他们往往会变得沮丧、不耐烦或好争论——这可不是做出重要决定的好时机。

预防 / 干预的方法

· 在规划议程时，预先考虑一下需要多少个步骤才能做出决定。如果有必要的话，那就安排多次会议而不是一次会议来解决问题。

· 表达鼓励和乐观。承认会有挫折并将其视为合理的（"我知道这挺难的，你现在可能有些沮丧"）。提醒参与者目标的重要性并鼓励大家坚持下去。

· 将注意到的情况反馈给团体成员，并要求他们提供建议。

（"你说对缓慢的节奏感到沮丧，那你有什么高效推进的建议吗？"）根据听到的情况，提供你个人的观察和反馈。

· 提醒团队为什么选择共识决策法，以及从长远的角度来看，这种方法可能带来的好处。（"你们花时间努力找出大家都能支持的决定，到执行的时候，就会有回报。"）向团队展示截至目前，他们所取得的进展以及点点滴滴的共识将如何为下一步带来帮助。

· 如果你认为是由于团队成员缺乏足够的技能而让会议陷入僵局的话，那就和团队成员一起评估一下会议，以此来确定他们可能需要学习的内容。可以考虑为团队成员提供一些有关达成共识或开好会议的培训。

沉默的参与者

团体成员，特别是少数成员，并非总能自在地表达自身的顾虑或提出想法，或对那些看似得到多数人支持的观点提出质疑。另外，有些人根本不愿意在一大群人面前讲话。如果成员在决策过程中不表达自己的意见，那他们在离开会议时往往很难对决定有所承诺。

预防／干预的方法

- 会前调查人们对提案的一般性顾虑和建议。向小组说明这些顾虑和建议，但不要说明其出自何人。

- 提供在小组内讨论的机会。小组讨论完某个问题后，让他们指派一位发言人向大组汇报。

- 如果你注意到有些成员非常安静，那就在休息时与他们聊一聊，确定他们是否有话想说，但又不能说或不敢说。提醒他们有责任表达自己的意见，并鼓励他们自己提出问题或找人代他们提出来。

- 采用"轮流发言"的方式。对于重要的问题或决策点，你可以请每一位成员依次表达自己的观点。在轮流发言时，如果有参与者确实没有什么可说的，那就让他选择"过"。

不管是与哗众取宠者、害羞者，还是与经常缺勤者打交道，你都可以和他们探讨其行为是怎样服务于团体共同利益的，这样的交流往往是恰当的和能够带来帮助的。

正如我们在本章所看到的，某些陷阱可能会破坏共识决策的过程，比如成员缺席重要的会议、有人哗众取宠、阻挠以及团队成员感到疲惫或受挫。引导者可以提醒成员注意参与的原则，并将重点放在达成共识的基本步骤和建设性步骤上，从而帮助团队避开这些陷阱。

下一章我将介绍一些开好共识决策会议的小技巧。

第 6 章

开好共识决策会的 10 个技巧

每位引导者都有自己特别喜欢的工具和技术，用以帮助团队有效地工作。以下是我认为在共识决策过程中最有用的 10 个技巧。

你需要根据自己的风格和直觉来决定何时以及如何使用这些技巧。例如，我无法准确地告诉你何时使用沉默或休会作为干预的手段，这是需要你自己通过实践才能获得的经验，因为这里面没有什么公式或模板。实际上，我更鼓励你适当地做些优化，让它们成为你自己独特的引导技巧。

设定明确的参与原则

参与原则是对团队成员可接受行为的共同约定。事实上，设定参与原则通常是团队做出的第一个共识决定。参与原则创建了集体行为的标准，因此，在有人违反这些原则时，引导者或其他成员就可以做出干预。每个团队都应该创建自己的参与原则，这样团队成员就能建立起责任感和做出承诺。

✅ 共识决策会的参与原则示例：

- 公开且简洁地交流想法；

- 开诚布公地听取他人的意见、顾虑和批评；

- 建设性地表达不同意见和顾虑；

- 避免为了个人立场或想法而发生争辩；

- 根据对组织最有利的原则做决定；

- 提出"假如……那又怎样？"的问题来寻找共同的解决方案；

- 仅在理解的情况下表示同意；

- 在问题得到解决后放下个人的顾虑；

- 提出问题以发现重要的信息和展开内心的假设；

·积极鼓励他人发言;

·接受批评和不同意见,将其视作建设性的输入;

·分享观点前先停下来回顾一下说过的内容;

·避免重复已经说过的内容;

·不要为了避免冲突而同意;

·鼓励深入地讨论和提出异议。

利用"团体记忆"

指定一名记录员在白板纸上做会议记录。如果有可能,最好是邀请一位中立者(例如不参与决策的人)来担任这一角色。记录员要在白板纸或大家都能看到的媒介上做记录。随着讨论的进行,成员们可以查阅记录以确认说过的内容和已达成一致的意见。

在制定决策标准、列出关注事项、对想法做分类和完善提案时，使用团体记忆策略会带来很大的帮助。确保记录员使用简洁的语言做记录并与团队成员核对内容的准确性。

在做出任何最终的共识决定前，都应该提交一份书面提案，以便团队成员审核具体的文案内容。会议结束后，记录员需要将记录誊写下来，并作为会议纪要发给大家。

区分必需标准与理想标准

在团队确定评估提案的标准时，很重要的一件事情就是区分必需标准和理想标准。需要提醒的是，必需标准也叫"交易破坏标准"，是被采纳的提案必须要满足的标准。理想标准是团队希望满足的标准，但并不是达成共识的关键。此外，还可以根据理想标准的重要程度为其设定高、中、低的不同权重。

使用沉默与停顿

有很多种使用沉默来辅助共识达成的方法。第一种是，你可以设定一个"在每个人发言后停顿15~30秒"的团队规范。短暂而有意义的停顿能为参与者提供一个反思所听内容与思考如何看待某个观点的机会。这种做法能减少人们的鲁莽反应和被打断的机会，并营造出充分尊重人的氛围，会让人们的不同想法被充分地考虑到。

第二种使用沉默的时机是在人们演示或讨论过后，为参与者提供相对长一点的时间（5~15分钟）让大家安静地思考。当讨论似乎走进死胡同或参与者变得有些沮丧时，这也是一种非常有效的干预方式。长时间的沉默和休息是不同的，沉默是特意让大家"单独"解决手头上的问题。在安排这种长时间的停顿和思考前，需要总结一下讨论的重点，并明确地提出让参与者反思的问题。

> 以下是当前提案的要点。我们提出来的顾虑是……到目前为止，提出的解决问题的建议有……我建议大家用 10 分钟独自思考一下这个问题（将问题提前写在活动挂图上）：有什么样的修改建议或全新的提案能解决其余的问题？如果你认为有必要，请在思考时做些笔记。

分"小小组"完成任务

当决策小组的人数超过 10 人时，可将成员分成 3~4 人的"小小组"。提出明确的问题或任务后，先让每个"小小组"独自讨论问题或完成任务，然后再向全体决策小组汇报。

分"小小组"讨论往往能带来更多的不同想法，因为这会降低"群体迷思"发生的概率。分"小小组"完成任务的另一个好处是能让那些在大组里发言时感到不自在的人也参与进来。

鱼缸对话

较大的群体往往很难就每一个问题听取每一位成员的意见。鱼缸对话能确保大群体中的不同观点在被讨论或辩论时被所有成员听到和思考。引导者可以选择4~5位对问题（例如，"我们的决策标准应该包括什么？"）持不同观点的决策小组成员，让他们从各自的角度讨论问题，其他成员则在外围观察他们讨论。

在鱼缸对话过程中，如果外圈的成员（观察者）想发表某个尚未被内圈成员谈及的想法，可以拍拍内圈成员的肩膀，示意自己想换到圈内发言。

鱼缸对话结束后，所有成员要讨论其听到的内容和发现的重要见解。鱼缸对话这种方法对于深入探讨某个问题，同时让其他成员对所讨论的内容进行批判性思考特别有用。

排序发言

当有多人想同时发言时，排序发言是一种让谈话变得有序的好方法。排序发言是指给想要发言的人安排一个发言顺序。

> 好的，我看到好几个人想要就此话题发言。那我们排个顺序吧。约翰，你为什么不先说说？然后，我们再听听法兰克、萨曼莎和琳达的想法，就照这个顺序来。还有谁想在这一轮发言吗？告诉我，我把你加进来。

作为引导者，要对选择谁发言和把谁排在第几位发言保持中立。可以通过邀请坐在不同桌或不同角落的人发言来表明你的中立态度。

排序发言能让参与者放宽心，因为他们知道自己有发言的机会，这样能使大家专注地听别人所说的内容，而不是花心思找发言的机会。然而，当团队成员需要就某个问题进行更灵活的讨论时，排序发言就显得有些僵化了。

暂停休息

我曾数十次与严重陷入僵局的团队共事。团队成员努力完善他们的提案，以消除重要的顾虑或找到应对强烈反对意见的方法。此时，成员们通常会感到疲惫和变得不耐烦，有的人还可能对那些不支持提案的人表示不满。我发现，这个时候自己能为团体做的最好的一件事就是让大家暂停，休息 10~15 分钟。这段休息时间除了能给人们提供活动活动筋骨、吃点儿点心和去下卫生间的机会之外，还能缓解会场的紧张气氛。

暂停休息也能给人们带来单独沟通的机会。这些亲密的谈话通常能化解人际分歧，帮助团队搭建起能更快达成共识的桥梁。

合理地使用技术

电子邮件、在线调查、即时通信软件和博客等工具已经成为高科技时代人们的生活必需品。随着地域分散型团队和全球化组织的兴起，即使我们不在同一个房间里，科技也能让我们随时共享观点和做出决定。这些工具能够使我们跨越时区、物理空间甚至语言障碍来进行商议和做出决定。

虽然采用文本消息交流想法会有一种非常整洁、精准和客观的感觉，但像情感、人际关系、共同的理解、所有权和受他人影响的意愿等重要信息则会在传输过程中丢失。在使用基于文本消息的技术时，高承诺决策的这类关键要素会显得非常脆弱，它们需要受到保护。当考虑在共识决策过程中使用技术手段时，请先思考在当前阶段，使用某项技术是会增强还是会抑制：

- 人们被听到和平等地影响决策进程？
- 与问题有关的重要细节和情感的表达？

·将分歧作为一种积极的力量和创新思维的源泉？

·做出服务于团队整体利益和需求的决定？

我的建议是：当团队要做出高风险的决定时，尽量选择面对面、能看到对方的语言交流方式。当不能把所有决策者召集到一起时，我倾向于召开电话会议或视频会议。当不能进行实时通讯时，请参考以下注意事项：

该做	不该做
·在做较多人际互动（例如会议、电话会议或视频会议）前，先使用电子邮件、在线调查或博客收集人们的想法和观点。 ·让团队同意遵守某些文本交流的"规范"，如使用准确的语言、询问他人的观点、平衡批评与赞赏、避免哗众取宠或重复相同的观点，以及在可能发生误解时限定评论的语气等。	·在某些决策参与者不便接入或没有电脑使用经验时使用电脑。 ·试图通过电子邮件、文本消息或博客等方式做长时间的讨论或复杂的决定。 ·让同在一个房间的人用软件投票和做决策，让人们与电脑屏幕互动而不是彼此交流，让人们匿名发表看法而不是公开说出自己的想法。

该做	不该做
· 当所有决策参与者都能使用电脑并且只能在远程讨论时，请考虑使用网络会议工具。这些工具能让人们一边通话，一边查看或编辑共享的文档。	· 试图立即对人们的情绪化行为做出回应，或立即对他人的动机做出假设。 · 通过邮件回应违反"该做"原则的人（此时最好打电话或面对面交流）。

评估会议

实践和反思是增强团队共识决策能力的方法。在会议结束前留 10 分钟，讨论一下会议的过程。这是一个让团队成员反馈他们观察和学习的收获的机会。与会者通常会提出与会议过程、团队成员的行为、会议氛围以及产出满意度有关的问题。

评估会议不是重新讨论会上的决定或议题。有效的评估能帮助参与者发现这次会议过程中做得好的地方，以及思考如何在下次会议上改进做得不好的地方。评估会议结束时，引导者要总结大家说过的话，并帮助团队将其中的见解转化为对未来会议的承诺。

会议评估问题样本：

· 这次会议最让人满意的产出是什么？

· 最让我们不满意的是什么？

· 回想一下这次共识决策的过程，我们做得好的是什么？

· 我们可以改进什么？如何改进？

· 我们可以做出哪些承诺来改善共识决策法？

本章提供了一些能够帮助你不让团队会议陷入僵局或偏离正确轨道的小技巧。在会议的最后花点时间做个评估，可以让成员们有机会找出需要改进的地方。下一章我将回到共识决策的本质上，分享一些有效使用共识决策法的个人观点。

第 7 章

迈向高承诺的决策

选择将人们聚在一起共同做决定是领导者的勇敢之举。这是一个大胆的、在某种程度上甚至是激进的表白——领导人没有全部答案。这就意味着，领导者的作用有时只是把人们召集起来。虽然说"只是"召集，但从本书你可以看出，当涉及真正重要的问题时，召集既不简单也不轻松。

有些时候实践共识决策是很艰难的。我记得自己曾经引领过一次关键的决策会议，与会者是客户公司在全美和亚洲地区的 24 位高级主管。会议持续了将近 10 个小时，团队坚持如果找不出能让每位成员都积极支持的明确方向就不散会。在协商过程中，人们的需求得到了澄清，共享的目标被明确了出来，隐藏的议程也得以被发现。会议结束时，人们虽然很疲倦，但对自己做出的决定感到非常满意，因为这绝不仅仅是一项决定而已。共识决策过程改变了主管与公司以及主管与主管之间的关系，创造出一种团结协作的氛围，这为公司之后的振兴奠定了基础。引导那次会议时，我感觉自己仿佛置身于复杂问题和强烈情绪的"风暴"之中。这种处境既令人恐惧，又让人感到兴奋与疲惫。我分享这个经历，是因为我相信，有一天你也会面临类似的处境。就像风暴是自然现象一样，这种"风暴"也是参与式共识决策的一部分。

在"风暴"来临时，我知道自己很容易失去立足点。我对自己是否有帮助团队达成共识的能力感到不知所措和焦虑。我害怕自己会无能为力。有时我也会讨厌小组中的某些人，因为他们坚持他们个人喜欢的结论。我竭尽全力不被人们的激烈情绪击垮，我知道自己应该是房间里那个不被激烈情绪或疲倦影响的人。当一群人指望我在"风暴"中保持冷静时，我要靠什么让自己不被"风"吹倒呢？是什么让我既能脚踏实地，又能全身心地投入对话中，还能把心与团队连接在一起呢？在我工作最困难的时候，我发现自己依靠的是这三样东西：共识决策的本质、恩师们的教诲以及个人的使命与价值观。

共识决策的本质

就像树根与树一样强壮，任何共识决策中的对话都与其成员对最终决定的承诺一样坚定。仅在共识决策进行之初回顾这些概念通常还不够。这些概念在许多组织的文化中并不常见，因此要定期回顾和讨论，直到它们成为团队语言和思维的一部分。我发现若团队陷入困境，往往是因为成员忘记或混淆了共识决策的概念或基本原则。想让讨论回到正轨通常很简单，你可以说："这看来像是一个提醒大家何谓达成共识的好机会"。当每个人都能说"我相信这是组织当前最好的决定，我愿意支持它"时，团队就算达成了共识。

我也知道并非每一次共识决策过程都能达成共识。作为引导者，我需要时刻记住，我不能要求团队成员达成共识，也不能为达成共识创造必要的先决条件。我记得有一次在经历了长时间的会议之后，团队仍未能达成一致，有位与会者就说："上帝今天不想让我们达成共识。"我时常提醒自己要搞清楚自己的角色和才能始于何处，又将终于何处。

恩师们的教诲

随着年龄的增长，我越来越多地从教给我重要教诲的恩师们那里汲取到营养，他们帮助我面对了最具挑战性的时刻。以下是在达成共识的过程中，当我遇到挑战时能让我平静、激励我并指导我的一些经验。

当我深陷"风暴"漩涡时，我会想起威廉·尤里说过的一句话，"到阳台上去"。在《克服障碍：从对抗到合作的谈判之路》（纽约班坦图书公司 1991 年版）中，尤里说的"阳台"是对情感超然心态的隐喻。它包括专注你真正想要达成的目标，同时远离那些在激烈冲突中产生的自然反应。

当我感受到自己或团队想要加快进度的压力时，我会提醒自己慢下来。这是彼得·布洛克教会我的。在他的《通往"如何"的答案——对重要的事情采取行动》(旧金山贝瑞特-科勒出版社 2002 年版）一书中，布洛克指出："有时候，唯一的目标就是快速行动。做重要的事情，意味着我们要能够区分快速行动与前进方向的关系……如果我们屈服于速度的诱惑，就会让通往世界的战略与模型发生短路。"

当我发现自己设计的流程太过复杂时，玛格丽特·惠特莉和她的书《相互对话：让未来重燃希望的简单对话》(旧金山贝瑞特-科勒出版社 2002 年版）会提醒我"简单"的价值："我不止一次从简单中抽身，因为我意识到自己不再被需要。这些有用的时刻迫使我澄清什么是更重要的事情——我的专家身份还是确保把工作做好。"

当我失去远见并确信我的公开"失败"将像死亡一样痛苦时，我会求助伍迪·艾伦在电影《爱与死》(1975)中的观察："生命中有比死更糟糕的事情，比如你和保险推销员聊通宵。"共识决策经常被用于解决重大的或高风险的问题，虽然问题很重要，但并不意味着我们不能用轻松和幽默的方式来应对它。我鼓励你帮助团队工作时考虑这种处理方式。

最后，当我冥思苦想后也找不到任何一位恩师能够回答我的紧迫问题或化解我内心深处的恐惧时，我总能运用苏珊·斯科特教会我的那项原则："听从你的直觉"（《非常对话：化解高难度谈话的七大要诀》），当你感觉到非常危险时，希望你听从自己的判断和智慧，你终将得到回报。

个人的使命与价值观

本书介绍了共识决策的知识、方法和技能，但我最后要做的就是贬低一下技能。技能是很重要的。然而，我看到过许多有能力的引导者在团队中失败。因为他们不够真实、不够透明，或者没有立足于他们要做出的贡献。他们有一些所谓的"个人议程 / 目的"，希望被视作专家，被团队喜欢，被人需要。在最艰难的时刻，这些"个人议程/目的"将击垮他们，更为重要的是，它将为共识决策带来风险。

在引导任何会议之前，不管我预计这次会议的挑战性如何，我始终保持一个习惯，那就是大声自问自答3个问题。当我一个人待在酒店时，这个方法非常有效；当我不得不在飞机上或星巴克做最后的会议准备时，难免会带来一些小尴尬。这3个问题是：

- 我来这里是为了给团队贡献什么？（并且，我来这里不是为了给团队贡献什么？）
- 我和这个团队一起工作的真正动机是什么？（什么动机是不能和我一同进入会场的？）
- 在情况变得艰难时，今天会有哪些关于人、我的工作或共识决策的信念，可以助我一臂之力？

过去这些年，这些问题的答案对我来说是在不断改进的，我想未来对你也是如此。我认为没有所谓正确的答案，只有诚实的答案。当得出诚实的答案时，你也许会发现自己并不是能帮助团队做共识决策的最佳人选。这很正常，并非每个人都可以做到。

在前面的章节中，我使用了"达成"共识这一被人们普遍接受的用语。但根据我的经验，达成共识更像是"雕刻"的过程。我们从事实、信念和立场等"原材料"开始，在对话的早期阶段，这些"原材料"看似不可能被改变。但熟练的对话、倾听、认同和提问是改变人们立场的工具，让人们创造性地融合彼此的想法。当我们把不同甚至冲突的想法结合起来，找到真正创新和能够应对所有问题的解决方案时，我们才达到了最佳的共识状态。

我经常听到领导者对人们的失望做出诗意般的表达。他们希望员工更主动，他们渴望民众更加关心社区的事情，他们想知道去哪里能找到更愿意参与的成员。我发现，领导者需要的是全身心（身体、头脑和心灵）都能投入的团队成员，我把这样的团队成员称为高承诺状态的团队成员。这种状态并不会自然而然地产生。人们会对自己助力塑造的未来做出承诺并热情地去追寻这个未来。我从来不相信自满或抗拒是大多数人的天生状态。人们想对某些事情做出承诺，想对真正重要的事情开展有意义的对话，渴望去探询并找到最富有创新性的和有效解决紧迫问题的方案。人们想表达自己的信仰与信念，并确保自己不会被攻击、被回避或被评判。人们希望带来影响力，被看到和被听到。

"雕刻"实属一门技艺。在你学习这门技艺时，过多地执着于结果是没用的。共识决策过程中总会有不那么完美的引导时刻、不体面的干预过程以及不能或不会达成共识的团队，也会出现你帮助团队打破僵局或找到第三种可能性的满意时刻。像学习任何技艺一样，熟能生巧。每一次对话都是一次新的挑战和新的学习。请保持警觉、活在当下、磨炼你的技艺。

当你把共识决策这种强大的方法带入团队并能有效地使用它时，你便唤醒了某些可能一直存在的东西：人们表达自己最好的想法、深刻的信念以及对组织或社区未来的渴望。你就为人们创造了一次发现和强化与个人及彼此的想法连接的机会。在当今世界，这些连接可能比他们做出的某个决策更有价值、更可持续和更具变革性。

资源指南

图书

Atlee, Tom, and Rosa Zubizaretta. *The Tao of Democracy: Using Co-Intelligence to Create a World That Works for All.* North Charleston, SC: Writers' Collective, 2003.

Avery, Michel, Barbara Strivel, Brian Auvine, and Lonnie Weiss. *Building United Judgment: A Handbook for Consensus Decision Making.* Madison, WI: Center for Conflict Resolution, 1999.

Bens, Ingrid. *Advanced Facilitation Strategies: Tools and Techniques to Master Difficult Situations.* San Francisco: Jossey Bass, 2005.

Block, Peter. *The Answer to How is Yes: Acting on What Matters.* San Francisco: Berrett-Koehler Publishers, 2002.

Doyle, Michael, and David Strauss. *How to Make Meetings Work.* San Francisco: Jove Publications, 1985.

Holman, Peg, Tom Devane, and Steve Cady. *The Change Handbook: Group Methods for Shaping the Future,* 2nd ed. San Francisco: Berrett-Koehler Publishers, 2006.

Isaacs, William. *Dialogue: The Art of Thinking Together.* New York: Doubleday, 1999.

Kahane, Adam. *Solving Tough Problems: An Open Way of Talking, Listening, and Creating New Realities.* San Francisco: Berrett-Koehler Publishers, 2004.

Kaner, Sam, with Lenny Lind, Catherine Toldi, Sarah Fisk, and Duane Berger. *Facilitator's Guide to Participatory Decision-Making.* Philadelphia: New Society Publishers, 1996.

Saint, Steven, and James R. Lawson. *Rules for Reaching Consensus: A Modern Approach to Decision Making.* San Francisco: Pfeiffer & Company, 1994.

Schwartz, Roger, Anne Davidson, Peg Carlson, and Sue McKinney. *The Skilled Facilitator Fieldbook : Tips, Tools, and Tested Methods for Consultants, Facilitators, Managers, Trainers, and Coaches.* San Francisco: Jossey Bass, 2005.

Scott, Susan. *Fierce Conversations: Achieving Success at Work and in Life, One Conversation at a Time.* New York: Penguin, 2002.

Susskind, L.S., S. McKearnan, and J. Thomas-Larmer, eds. *The Consensus Building Handbook: A Comprehensive Guide to Reaching Agreement.* Thousand Oaks, CA: Sage Publications, 1999.

Ury, William. *Getting Past No: Negotiating Your Way from Confrontation to Cooperation.* New York: Bantam Books, 1991.

Vogt, Eric E., Juanita Brown, and David Isaacs. *The Art of the Powerful Question: Catalyzing Insight, Innovation, and Action.* Mill Valley, CA: Whole Systems Associates, 2003.

Vroom, Victor, and Philip Yetton. *Leadership and Decision Making.* Pittsburgh: University of Pittsburgh Press, 1976.

Wheatley, Margaret. *Turning to One Another: Simple Conversations to Restore Hope to the Future.* San Francisco: Berrett-Koehler Publishers, 2002.

视频

Consensus Decision-Making. Earlham College, Richmond, IN: Quaker Foundation of Leadership, 1987.

Twelve Angry Men. Dir. Sidney Lumet. MGM Studios. 1957. (Available through Amazon.com and most local video rental stores)

The Abilene Paradox: The Management of Agreement. CRM Learning. 1999. (Available through www.crmlearning.com)

Lessons from the New Workplace. CRM Learning. 2002. (Available through www.crmlearning.com)

过程工具

Consensus Cards,™ a tool for high-quality decisions and accelerated deliberations. *www.consensustools.com*

VIA3 Assured Collaboration is a web-based service that combines audio, video, instant messaging, and real-time information in one desktop application. *www.viack.com*

组织

Center for Collaborative Organizations   Formerly The Center for the Study of Work Teams, it is based at the University of North Texas and was created for the purpose of education and research in all areas of collaborative work systems. *www.work-teams.unt.edu*

Co-Intelligence Institute   CII promotes awareness of co-intelligence, the ability to wisely organize our lives together, with the idea that all of us are wiser together than any of us could be alone. It disseminates tools and ideas that can be applied to democratic renewal, community problems, organizational transformation, national and global crises, and the creation of just, vibrant, sustainable cultures. www.co-intelligence.org

Greenleaf Center for Servant Leadership   The Center's mission is to improve the caring and quality of all institutions through a

关于作者

拉里·德雷斯勒在过去 30 多年里，致力于为组织设计和引导能够激发组织成员的新见解与行动的对话和学习体验。他被企业高管们视作能够将坦率、承诺、合作与持续学习融入职场的值得信赖的顾问。

作为蓝翼咨询公司（Blue Wing Consulting）的创始人，拉里曾在美国各地演讲、咨询，并与那些展现出他称之为"完全清醒领导力（Wide-Awake Leadership）"的人建立起广泛的连接。他曾服务过许多组织，包括日产汽车、南加州大学医院、星巴克、华盛顿州生态部、儿童艾滋病基金会、美国联邦保护服务公司和思科系统公司等。

客户将拉里形容为"温和的突破性对话推动者"。这份工作让他有机会去了很多有趣的地方，包括30种不同行业的公司的总部、科罗拉多州的"马戏团学校"、厄瓜多尔的亚马逊雨林以及洛杉矶的贫民窟。从公司的董事会、工厂，再到亚马逊雨林的树冠下，拉里用他独特的提问技巧和推动合作的才能协助人们有效地工作。

拉里拥有社会心理学和企业战略的教育背景。他在加州大学洛杉矶分校获得了社会学学士学位，并在该校安德森管理学院获得了工商管理硕士学位。他还完成了组织心理学的研究生课程。拉里与妻子琳达如今生活在科罗拉多州的博尔德。

关于译者

张树金（Simba）是北京准行世纪管理顾问有限公司创建人，高级培训顾问。获得过国际引导者协会（International Association of Facilitators，IAF）认证的专业引导者（Certified Professional Facilitator，CPF）和 Everything DiSC 国际认证顾问（International Consultant Certification，ICC）资质。同时，也是积极的欣赏式探询实践者（Appreciative Inquiry Practitioner）。以下是他近年翻译出版的专业引导图书：

· 《欣赏式探询团队协作案例集：21 个优势工作坊》（华夏出版社，2019 年）；

· 《贵在共识：建立团队共识的 70 种方法》（教育科学出版社即将出版）。

张树金常驻北京，并通过"准行世纪"为企业和学校提供参与式变革引导服务，包括诊断、设计、咨询、引导、培训和辅导。

如果你需要专业交流或商务合作，欢迎与译者取得联系。

"共识决策"线上线下培训课程，
敬请关注译者公众号"准行世纪"